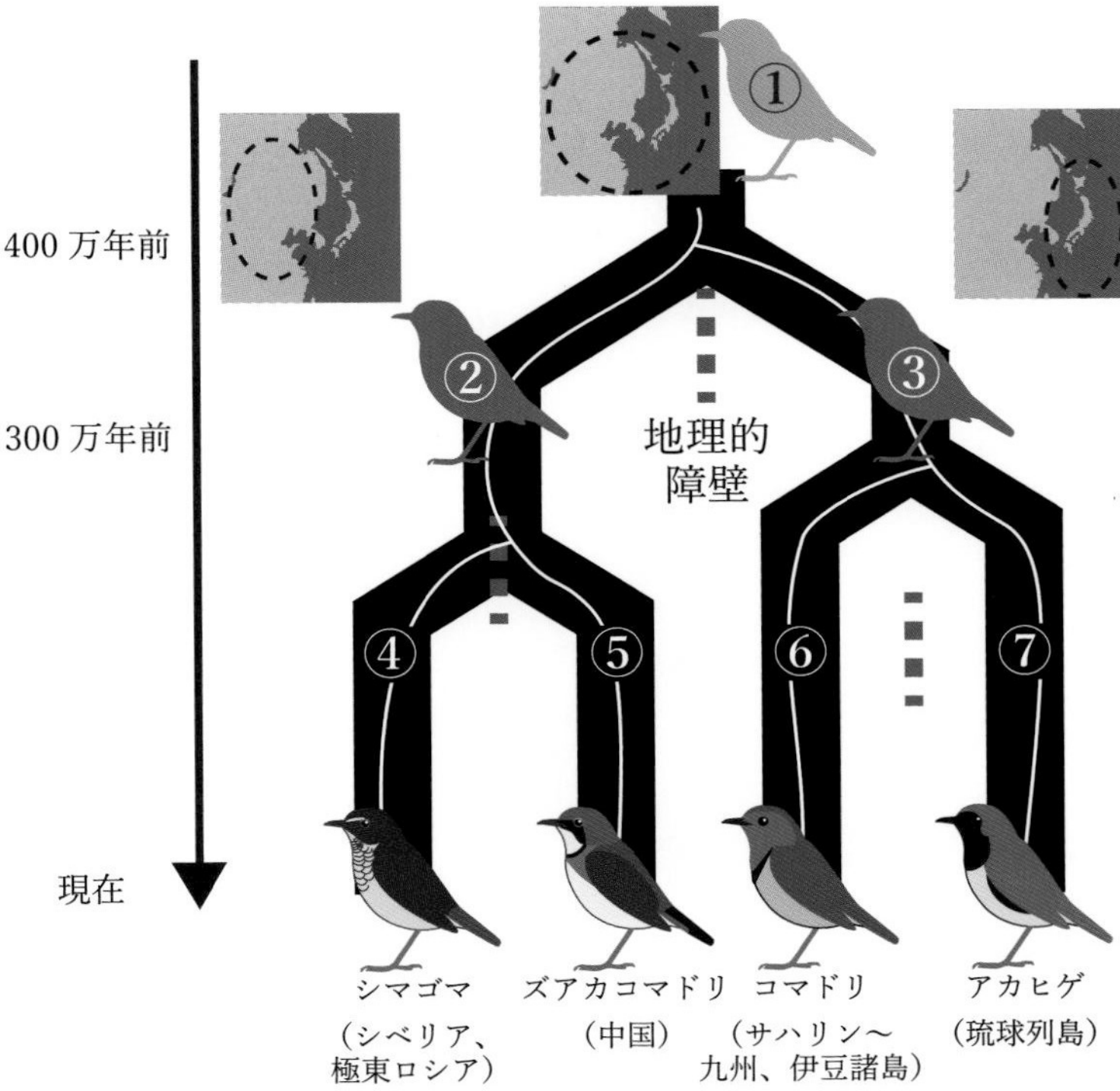

❶コマドリとその近縁種の遺伝的分化が生じた過程の模式図→第 2 章 1-2
黒帯は集団の分化、白線はある遺伝子の系統樹を示す。①～⑦は各時代に存在していた祖先集団を表わす。灰色の点線は地理的障壁が生じたことを示している。地図中の点線で囲った地域は祖先集団が分布していた可能性のある地域を示している。

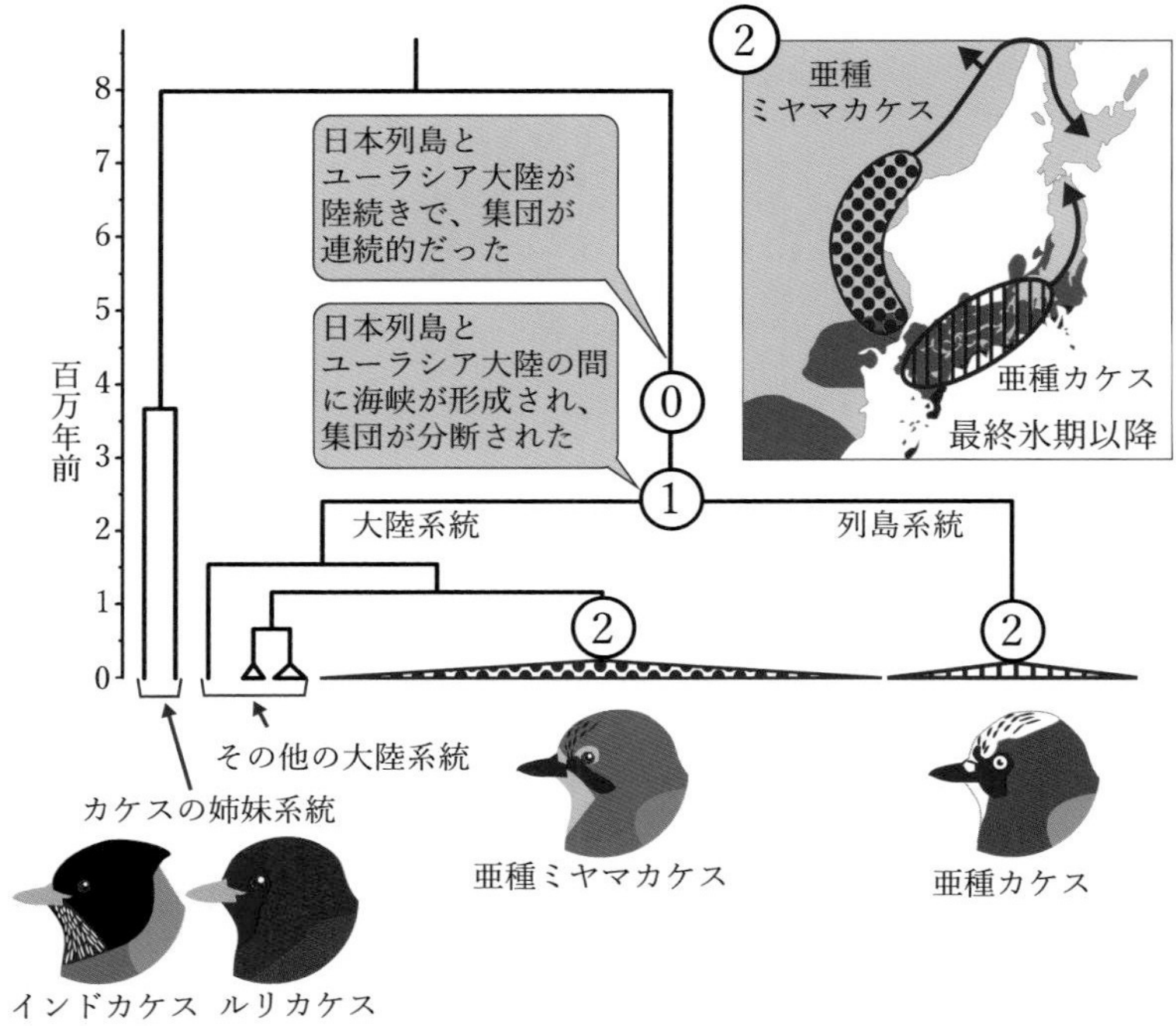

❷ミトコンドリアDNAによって推定されたカケスの系統樹と、最終氷期以後の分布の変遷の模式図（系統樹は文献第2章22を改変）→第2章3-1
②の地図は最終氷期の海岸線を示し、濃い灰色で示された地域は最終氷期にドングリを作るコナラ属が分布していた可能性のある地域を示す。最終氷期中のカケス2亜種の分布（黒枠、模様は系統樹と対応）は最終氷期以降の温暖化とともに矢印の方向に移動したと考えられる。

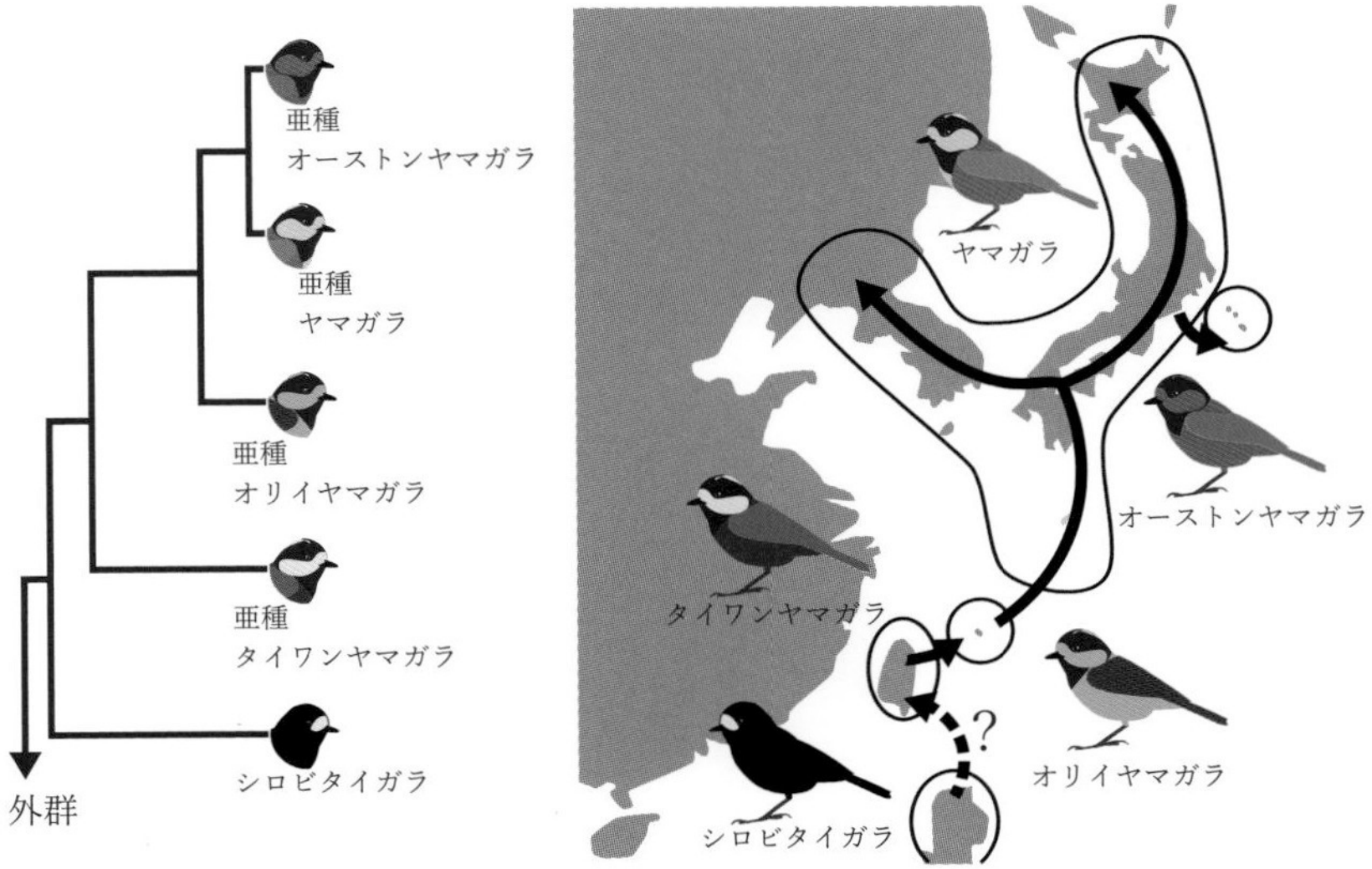

❸ヤマガラの亜種と近縁種の系統関係（左）と島の飛び石状移住による遺伝的分化のシナリオ（右）（系統樹は第 2 章文献 43 および 44 の研究から著者が復元した）→第 2 章 3-3
黒い囲みは各種の分布域を、矢印は遺伝的分化が生じた島から島への移動を示している。破線は移動の向きが系統樹からはっきりしない場合を示している。

❹水禽「ピングイン」→第 4 章 1-3
『禽譜』宮城県図書館所蔵。
❺山禽「らいてう」→第 4 章 2-1
『禽譜』宮城県図書館所蔵。
❻水禽「うみう」→第 4 章 2-2
『禽譜』宮城県図書館所蔵。

❼原禽「ちやほ」→第 4 章 3–1
江戸時代以降、多数の品種が作出された。日本に特有の畜養動物として、天然記念物に指定されている。『禽譜』宮城県図書館所蔵。
❽林禽「ふう鳥」→第 4 章 3–1
天明 8（1788）年、朝貢に訪れたオランダの医師がこの鳥を持参したという記録が残っている。『禽譜』宮城県図書館所蔵。
❾山禽「しまふくろふ」→第 4 章 3–2
享保 15（1730）年、松前藩がこの鳥を献上したという記録が残っている。絶滅危惧 IA 類。『禽譜』宮城県図書館所蔵。

→第５章 1-1
❿『鳥類之図』の「かき鶴」（公益財団法人山階鳥類研究所所蔵）
⓫『鳥類之図』の「シヤムロ鶴」（公益財団法人山階鳥類研究所所蔵）
⓬『啓蒙禽譜』の「丹鳥」（国立国会図書館デジタルコレクション）

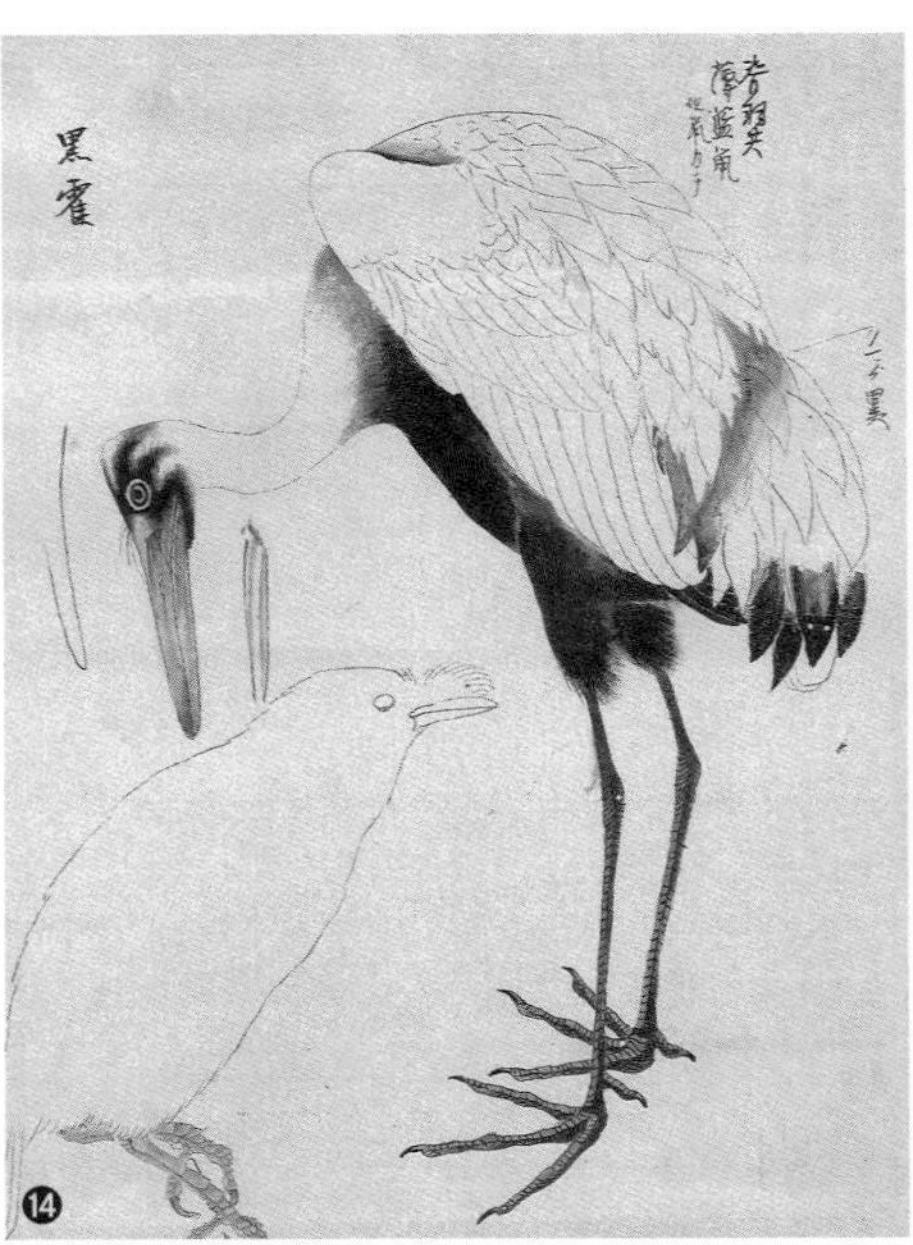

→第 5 章 1-1
⓭『鳥類之図』の「黒鶴」(公益財団法人山階鳥類研究所所蔵)
⓮『鳥譜写生図巻』の「黒霍」(公益財団法人東洋文庫所蔵)彩色予定として「背羽共薄藍鼠色、但鼠がち」、三列風切羽辺には「クマより墨」との注記がある。なお「クマ」は「熊」ではなく隈取の「隈」である。
⓯『本草綱目啓蒙』の「陽烏」再現図

→第 5 章 1-1
⓰『本草綱目啓蒙』の「花頂鶴」再現図
⓱『鳥類図譜』の「クワテウヅル」(国立国会図書館デジタルコレクション)

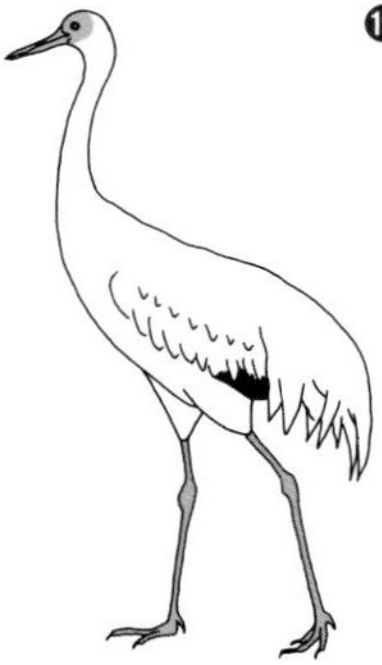
⑲

⑱

㉑

⑳

㉒

⑱『本草綱目啓蒙』の「鶴」再現図
⑲『本草綱目啓蒙』の「白ヅル」再現図
⑳『本草綱目啓蒙』の「鶬鶏」再現図
㉑『本草綱目啓蒙』の「ア子ハヅル」再現図
⑱〜㉑→第 5 章 1-1
㉒『本草綱目啓蒙』の「丹鳥」再現図→第 5 章 1-2

時間軸で探る日本の鳥

——復元生態学の礎

［編著］
黒沢令子＋江田真毅

築地書館

前書き

二〇二〇年には新型コロナウイルスが大流行し、市民の日常生活は激変した。自宅に籠る生活の影響からか、小動物を飼ってペットにしたいという関心が急速に高まったという。鳥は小さいものが多くて飼いならしやすいうえに、愛らしい行動を見せたりするので、特に人気が高い。こうしたペットブームを見るにつけ、日本人はいつの時代から愛玩用の鳥を飼う文化を持っていたのだろうかという歴史的な経緯が気になってくる。

また、同じ鳥といっても、野生の鳥は人とは別の世界に生きている。日本の野生動物の中でも、鳥類は観察しやすく、分類群の大きさが扱いやすいサイズなので(昆虫ほど多くなく、哺乳類ほど少なくない)、行動や生態などについて比較的よく解明されてきている。そのため、人の活動が生態系に及ぼした影響を知るための指標としてもよく利用されている。例えば、鳥類が暮らす場所は、植物を中心とした生息環境に大きく影響される。そうした特性を活かして、環境省の自然環境保全基礎調査などのように、鳥類の個体数の経年変化を追うことで環境変化を知るモニタリングという手法にも利用されている

（第6、7章参照）。

二一世紀の現在、日本産の鳥類として六三三種が知られている。[1] 日本列島とその周辺で進化し、ここに自然に分布するようになった鳥たちだ。本書は、『時間軸で探る日本の鳥』というタイトルが示すように、そうした鳥たちについて、いつ、どこに、何が、どのくらいいる（いた）のか？という基礎的な四つの疑問を追求することと、その鳥たちはどのような進化過程を経て、どのような事情で分布域を変化させ、人とどのように関わって生きてきたのか？という点を時間を追って探ることを目的とした。時代を遡って鳥の世界を覗き見ることは、日常のバードウォッチングでは不可能である。本書では、そうしたロマンを満たしてくれるような方法を紹介し、いずれはその手法を確立させて広めるための道筋としたいと考えた。

本書で答えようとする、いつ、どこに、何が、どのくらいいたのか？という四つの疑問は、不幸にして今後実践的な役割をもつ可能性がある。現代では、生物のすむ環境自体が損なわれたり、失われたりして、種の絶滅率がかつてないほど高まっている。人の手によって損なわれつつある生態系は、人の責任において守る必要があるというのが保全生態学のスタンスであり、日本ではそうした活動と研究は生態系管理や順応的管理と呼ばれる（第7章参照）。一方、損なわれた、あるいは失われた生態系を積極的に本来の自然の在り方に再生・復元させるというアイデアが、欧米で始まっている復元生態学の分野である。[2] 一度危機に陥った生態系を復元するためには、本来の健全だった状態を知ること、人に喩えれば処置が必要な高熱があるかを判断するために平熱を知っておくことが不可欠である。本書では新進気鋭の研究者たちが、過去の鳥のバードウォッチングを試みることで、この際の有力な手掛かりとなる手法と分野についての情報を提供しており、復元生態学のような新しい分野の土台にもなれるだろう。サブタイトルの『復元生態学の礎』にはこのような思いを込めた。

第1部では、人類が誕生するよりはるか前の地質時代から先史時代までを取り上げた。鳥の骨やその化石が地中に埋もれた状態で保存されることがあり、それを丹念に調べることで古い時代であってもその場所に生息していた鳥類の姿が浮かび上がってくる。こうした分野は古生物学や考古学が得意とする研究だが、現代では分子生物学も強力なツールとなっている。この遠い昔の時代については、基礎的疑問のうち、いつ、何が、どこにいたか?という定性的な知見を期待するのが現段階では妥当だろう。いずれ、よりデータが積みあがって、定量的な評価をできる時代が来ることを願っている。

第2部では、人間の営みの中で記録された鳥類の歴史的資料から、その当時に、どのような鳥が、どこにいたのかを探る。近世においては百科全書的な資料もあるので、現代の鳥類相の知見とどのくらい比定できるのかという定量的な評価に思い切って迫ってみる。さらに、当時の鳥が生息していた場所は現在と同じなのかという分布変化の評価も試みる。こうした定量化やデータによる分布変化の評価という作業は、歴史分野の人にはなじみがないかもしれないが、鳥類学分野との協同によってなしえた企画であり、今後、より洗練された研究が花開くことを期待したい。

第3部では、現代の西洋流の科学的な調査方法を利用して、鳥類相を定量的に記録し、比較するモニタリング手法を紹介する。ここでは、基礎的疑問のうち、どこに、どのくらいの数がいるのか、そして変化があるとすれば、どのような原因で変化したのか?という最後の疑問に迫る。さらに、地球規模の温暖化や気候の乱れが日常化している中で、この列島に適応してきた鳥類が今後どのようになっていくのかという将来を見据えた考察も試みた。これは一つの仮説であり、日本列島の鳥たちがそのようになるか、または別の道筋を辿るかは、実はこの列島に住まう私たちの暮らしぶりにかかっている。

本書は時代ごとに鳥の顔ぶれを紹介する必要上、いきおい鳥の名前が数多く登場する。種の名前や分類は日本と世界や、また時代によっても違いがあるので、本書では基準として日本鳥学会による日本産鳥類目録第7版（二〇一二年）に従った。ただし、それ以後の研究で登場した新しい説を取り上げたり、亜種や外来種に言及することもあり、国際鳥学会（ＩＯＣ）の目録やそれ以外の文献に準拠した場合もあるので、詳しくは各章の文献や注を参照していただきたい。

本書は、日本列島の鳥類相の歴史を紐解くための道筋の一つを示す布石である。他にも民俗や言語など関わりのある分野があるし、地域によって異なる部分があるかもしれない。こうしたことを洗い出すためには、同じような研究を各地域ごとに、またそれを広域に渡って行うことも必要だろう。

今後、このテーマを追求する人々にとって貴重な資料が、各地の露頭や遺跡をはじめとして、地方の博物館、教育委員会や学校などの施設や古民家にもたくさん眠っているかもしれない。そうした資料を調べるには、プロの研究者である必要はなく、地域をフィールドとする一般の研究家（シチズンサイエンティスト）でもできることかもしれない。本書が、そうした宝の山を発掘することで得られる、次世代の新しい研究分野を紹介・鼓舞する礎となることを願ってやまない。

二〇二一年一月七日　黒沢令子

【参考文献】

（1）日本鳥学会編　二〇一二　日本鳥類目録 改訂第七版 日本鳥学会 兵庫

（2）Society for Ecological Restoration International Science & Policy Working Group, 2004 The SER International Primer on Ecological Restoration. (Version 2: October). https://www.ctahr.hawaii.edu/littonc/PDFs/682_SERPrimer.pdf　参照二〇二一年一月七日

もくじ

第2章　遺伝情報から俯瞰する日本産鳥類の歴史——青木大輔　54

2　文化資料から探る日本の鳥

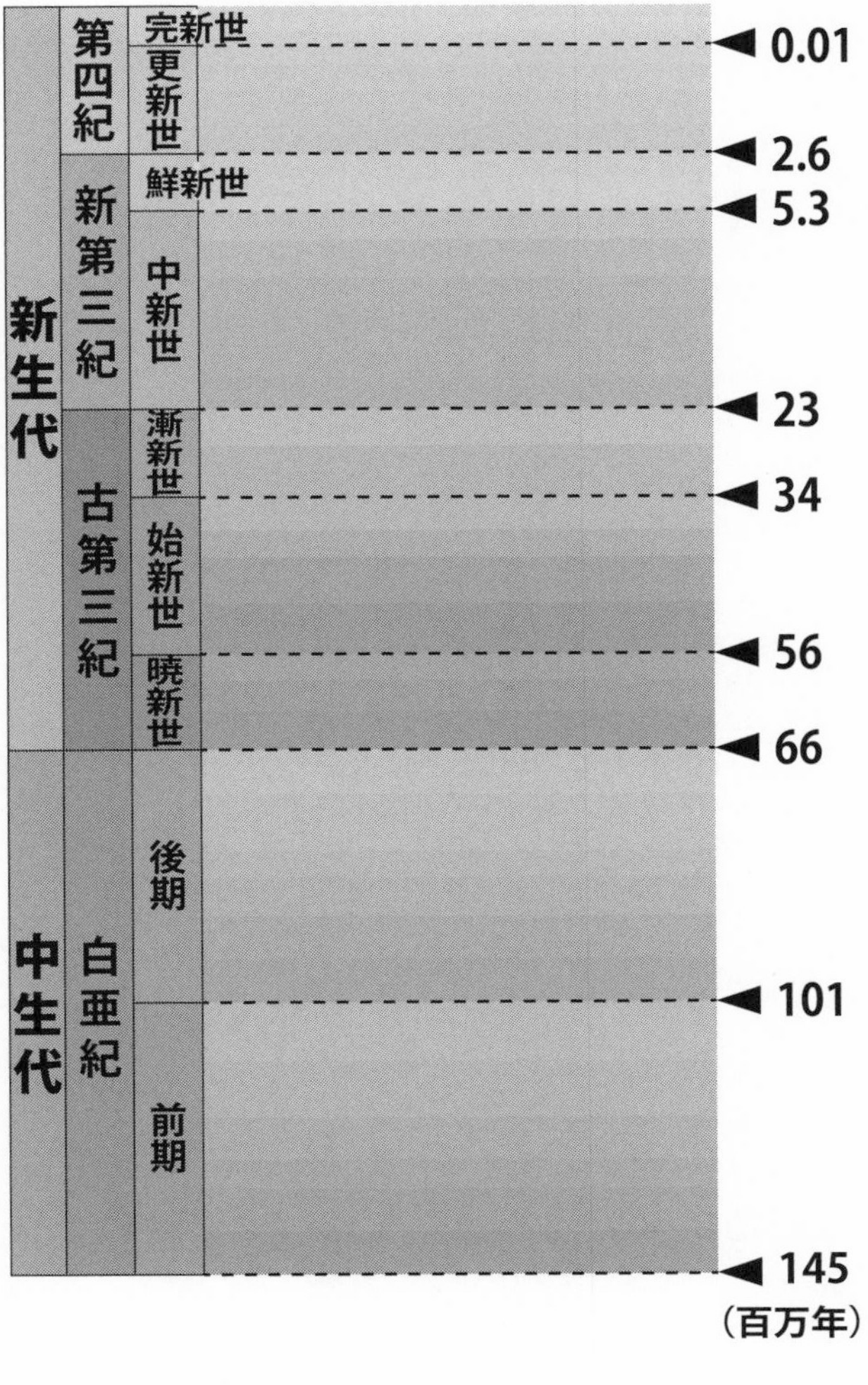

引 用：Cohen, K.M., Harper, D.A.T., Gibbard, P.L. 2020. ICS International Chronostratigraphic Chart 2020/03. International Commission on Stratigraphy, IUGS. www.stratigraphy.org (visited: 2020/11/15)

1

骨や遺伝子から探る日本の鳥

昔の日本列島にはどんな鳥類がすんでいたのだろうか。日本はアジア大陸の北東辺縁にある列島で、かつてはほとんど海洋だったが、陸生鳥類の化石も発見されており、さらに人間の登場以後はその遺跡からも鳥の骨が出土している。骨やDNAを利用した古生物学、考古鳥類学、および系統地理学で、前期白亜紀からの鳥類の歩みを解き明かす。

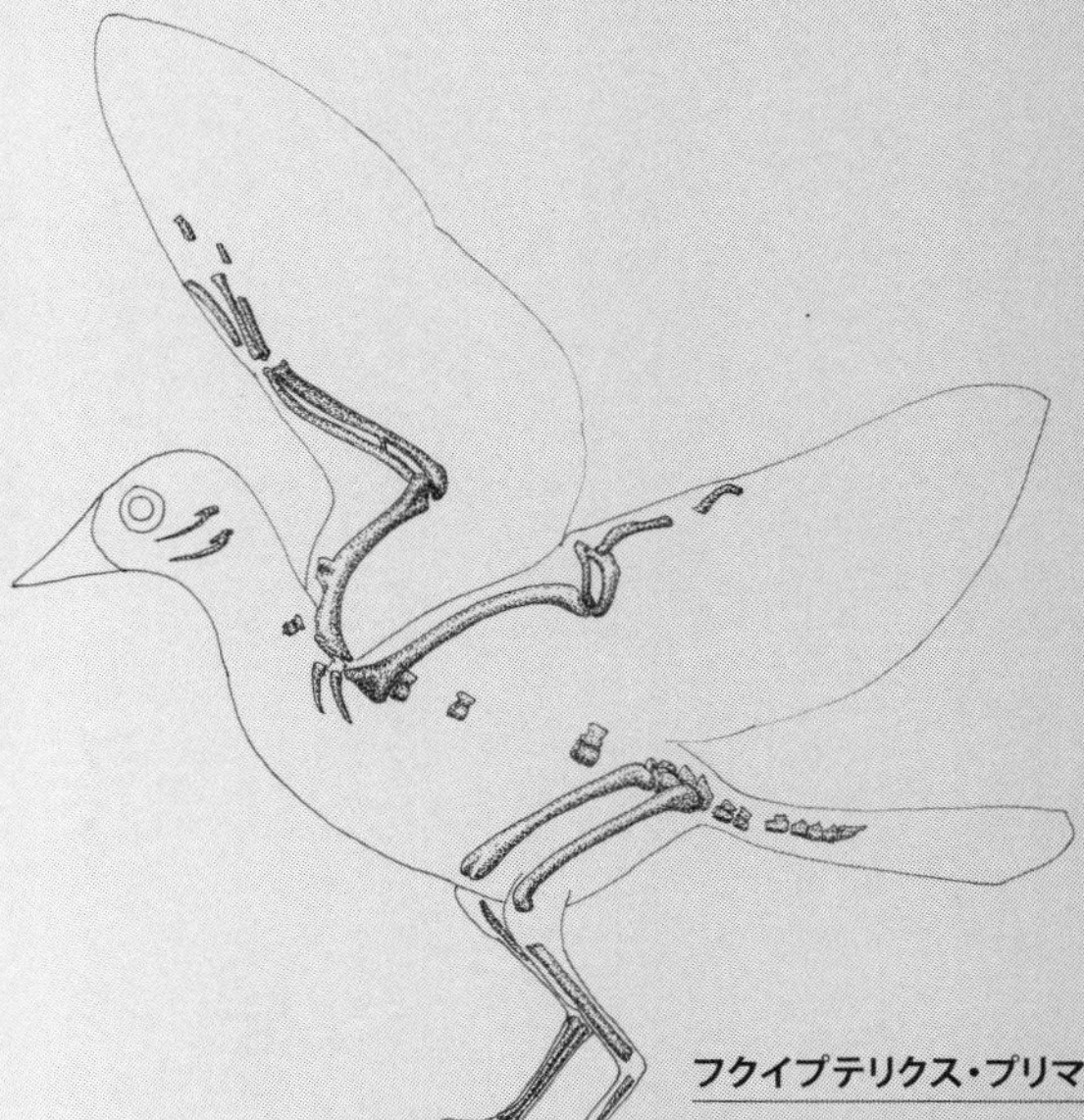

フクイプテリクス・プリマ

福井県立大学作成の骨格模型をもとに描く。
Reiko Kurosawa
日経新聞〈2019/11/15〉
https://www.nikkei.com/article/DGXMZO52203890V11C19A1CR0000/

第1章

化石が語る、かつての日本の鳥類相
——太古のバードウォッチング

田中公教

鳥類は現在、世界中で約一万種が確認されており、日本ではそのうちの約六〇〇種が観察されている[1]。市街地にはスズメやカラス、ハトなどの鳥はありふれているし、公園の池にはカモやオオバンが水面をスイスイ泳いでいるのもよく見かける。バードウォッチングに興味のある人ならば、双眼鏡片手に近場の山や海岸に出向けば、四季を通じて様々な野鳥に出会うことができる。このような現在の日本で見られる鳥類は、いつ頃日本（列島）にやってきたのだろうか？　もしタイムマシンで大昔の日本に行くことができたとして、当時の日本ではどのような鳥たちを見ることができるのだろうか？

過去の生物の進化や分布域について探る方法は大きく二つある。一つは、現在生きている生物から採取されるＤＮＡやタンパク質などの「分子」を使う分子生物学的手法（第2章参照）、そしてもう一つは、地球に残されているそれぞれの時代の地層（過去の時代の堆積物）に保存された「化石」を使う古生物学的手法だ。時にはこの二つの手法を組み合わせて、化石から分子（古代ＤＮＡやコラーゲンなど）を取り出す試みが行われることもあるが、数万〜数千万年前の化石から十分な分子データが採取できることは稀である。このようなタイムスケールでの生物進化について研究する場合は、地層から掘り出された化石が主な手掛かりとなる。

化石は、その時代のその場所に、その生物が確かに存在したことを示す直接的な証拠である。我々は、地層に保存された化石を調べることによって、過去の生き物の姿かたちや生活様式などの詳細を知ることができる。このように、化石をもとに過去の生き物の進化や生態を調べる学問を、古生物学という。また、より新しい時代の、人類が残した遺跡から産出した動物の考古遺物を分析する学問は、動物考古学・考古動物学（第３章参照）とも呼ばれる。

現在の日本に残された様々な時代の地層から見つかる化石を丹念に調べていくと、かつての日本には、今では見られない奇妙な鳥たちがすんでいたことがわかる。この章では、双眼鏡をハンマーとルーペに持ち替え、太古の日本へとバードウォッチングに出かけよう。

1　「骨のかたち」から探る！

地層から鳥の化石を探し出すのは実に大変なことである。なぜなら、空を飛ぶために軽量化された鳥の骨は脆く、化石として地層に保存されることは非常に稀なためだ。運よく地層に化石が保存されていたとしても、断片化した骨として見つかることがほとんどである。古生物学者は、そのようなわずかしか残っていない化石を調査し、そこから最大限の情報を引き出し、過去の生き物の姿かたち、生活スタイル、かつての生態系や進化の歴史を復元していく。

バードウォッチャーたちは通常、双眼鏡の先に鳥の姿が見えたら、羽毛の色や模様、嘴《くちばし》の形、翼の形だけではなく、飛び方、歩き方、泳ぎ方などから、それがどんな鳥なのかを総合的に判断する。しかし、化石鳥類の種類を判別する場合は少々勝手が違う。地層の中に閉じ込められた鳥の化石はもちろん動き出すことはなく、多くの場合、一部の骨格以外の部位は失われている。「鳥だということはわかるけど、骨の端っこだけしか残ってないよ！」なんてこともザラにあるのだ。そのため、太古のバードウォッチングに必要なのは、骨のかたちから動物を分類できる能力である。それも、断片的な骨からでも種が判別できればできるほど、熟練のウォッチャーである。このような能力を磨くためには、今いる鳥たちの〝骨になった姿〟について熟知する必要がある。カラスはほとんどの人が見たことがある鳥だと思うが、カラスの骨を思い浮かべることができる人は少ないだろう。鳥類に限らず、様々な動物の骨のかたちを知っていると、地層から発見された骨格化石が果たして鳥のものなのか、鳥だとすればどのような種類なのかを知ることができる。冒頭にて、鳥化石が発見されることは非常に稀だという説明をしたが、骨格から種類を判別できる技術があれば、たとえ断片的な化石記録からでも、数万〜数千万年スケールでの鳥類相の変化を理解することが可能だ。

このように、コツコツと骨への理解を深めて化石と向き合えば、「この時代のこの場所に、こんな鳥がいたのか⁉」といった意外な発見がある。また、古い時代の鳥の骨になると、今の鳥とはまったく異なる、見たこともない形の骨が発見されることがある。そして時には、あれ、この骨の特徴は他のどの鳥とも違うぞ、という骨に出会うこともあり、こうして新種の化石鳥類が発見されるのだ。

これはもちろん鳥類の化石に限った話ではない。古生物学の中でも、地質時代の脊椎動物化石を専門に研究する分野を特に「古脊椎動物学」と呼ぶが、魚類をはじめとして、両生類、ヘビ・トカゲ類、海生爬虫類、カメ類、ワニ類、翼竜類、非鳥類型恐竜類（中生代末までに絶滅した鳥類以外の恐竜）、鳥類、そして哺乳類など様々な分類群が研究対象となる。

2　中生代の日本の鳥類相

鳥類は、約一億五〇〇〇万年前の後期ジュラ紀に獣脚類恐竜から分岐して出現した。中生代鳥類の最大の特徴は、典型的な獣脚類恐竜と同様、その多くがアゴに歯を持つことだ（図1－1A、B）。これまでに知られている最古の鳥は、ドイツ・バイエルン地方で発見されたアーケオプテリクス・リソグラフィカだ。[2] 始祖鳥という名前の方が馴染み深いかもしれない。アーケオプテリクスはカラスほどの大きさの鳥で、歯のあるアゴに加え（図1－1A）、骨質の長い尻尾や鋭い爪を持ち、一見すると、他の小型獣脚類恐竜と見分けがつかない姿をしている。アーケオプテリクス出現後の前期白亜紀には、鳥類はより多様化し、アジア地域にもその分布を広げていった。前期白亜紀のアジアでは、尾を形成する尾椎

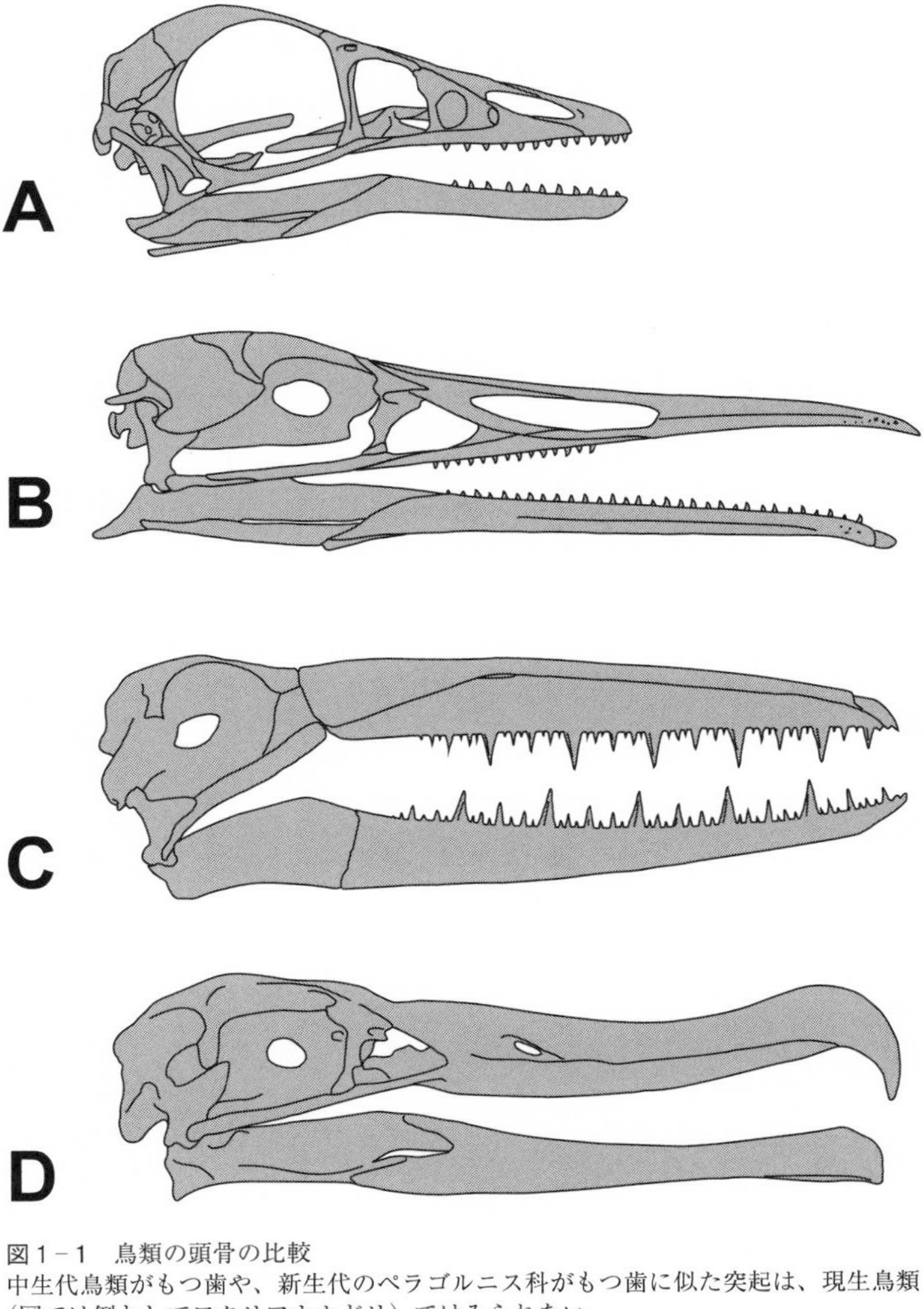

図1－1　鳥類の頭骨の比較
中生代鳥類がもつ歯や、新生代のペラゴルニス科がもつ歯に似た突起は、現生鳥類（図では例としてワタリアホウドリ）ではみられない。
A：アーケオプテリクス[(4)]、B：ヘスペロルニス[(5)]、C：ペラゴルニス[(6)]、D：ワタリアホウドリ。

の数を減少させ、より飛翔能力に優れた骨格を持つ鳥や、水かきを獲得し、河川や湖などの淡水域で泳ぐことができる鳥など、様々なグループが出現した[3]。

それでは、日本に初めて鳥がやってきたのはいつ頃なのだろうか? 日本でこれまでに発見されているそれぞれの地質時代における鳥類化石を図1-2にまとめた。まずは、地球上に鳥類が出現して間もない時代の、前期白亜紀の日本の鳥たちを見てみよう。

2-1 日本に鳥がやってきた——前期白亜紀(一億四五〇〇万~一億年前)

前期白亜紀、日本列島はまだ存在しておらず、現在の日本を形成している島々は、当時はユーラシア大陸の東縁部であったと考えられている(図1-3)。当時の本州中部から九州北部は北海道西部よりも北方に位置しており、前期白亜紀に横ずれ運動が起こり、のちに日本列島となる大地の再配列が起こった。

日本での最古の鳥類化石は、福井県や岐阜県に分布する前期白亜紀の地層、手取層群から見つかっている。手取層群は、多様な非鳥類型恐竜類の化石が見つかることでも有名だ。福井県から見つかる前期白亜紀の鳥類化石には骨格化石だけではなく、卵殻化石や足跡化石も含まれる。手取層群が分布する福井県からはこれまで複数の鳥類足跡化石が発見されており[11]、特に大野市からは新しいタイプの鳥類足跡化石としてアクアティラビペス・イズミエンシスが報告されている[12]。鳥類の足跡化石はまた、富山県富山市の神通層群からも報告されている[8]。さらに福井県勝山市からは、世界最古の鳥類卵殻化石の可能性

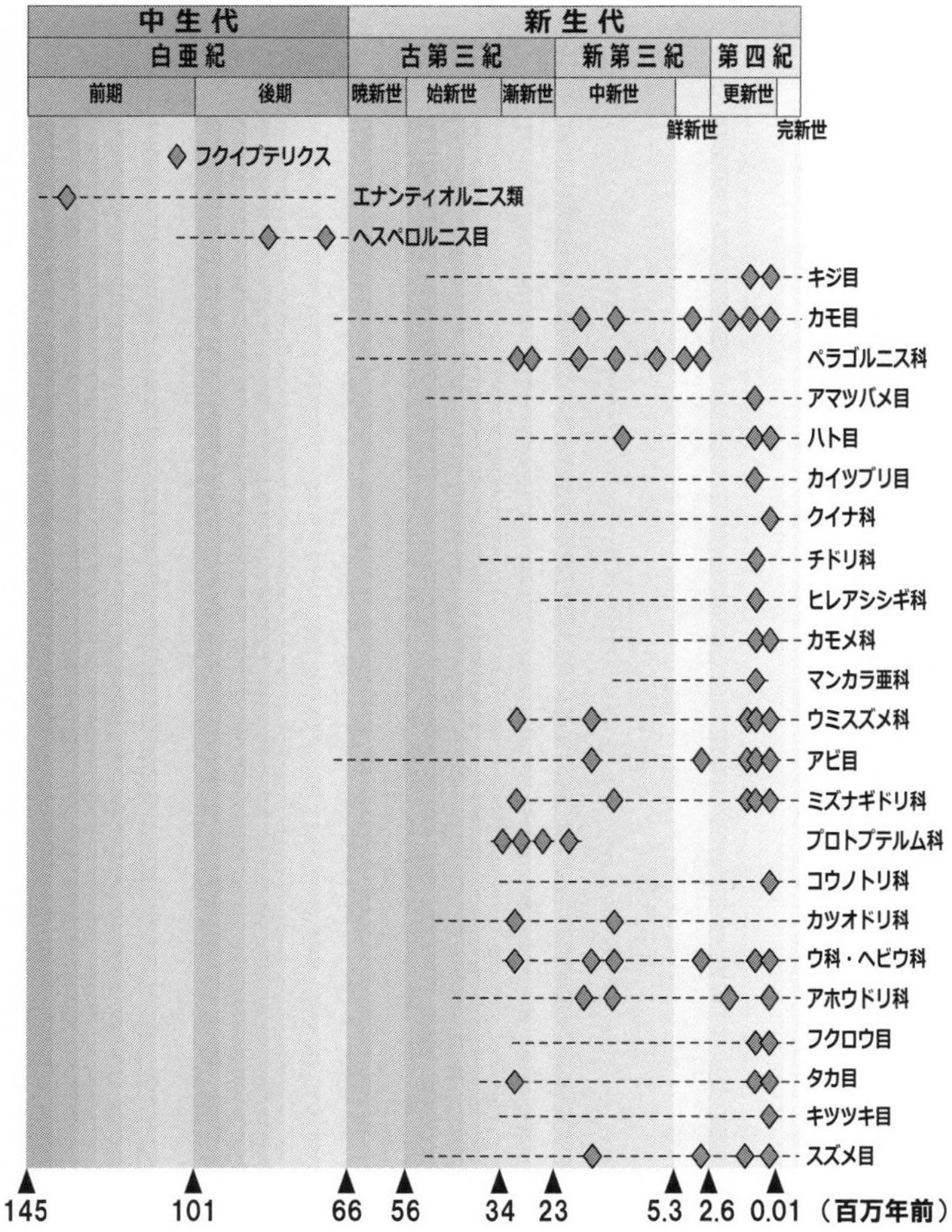

図１−２　地質年代表と、日本で発見されている鳥類化石
◆は化石が産出した時代を表わす。破線はそれぞれの分類群の化石が発見されている年代幅を示す。

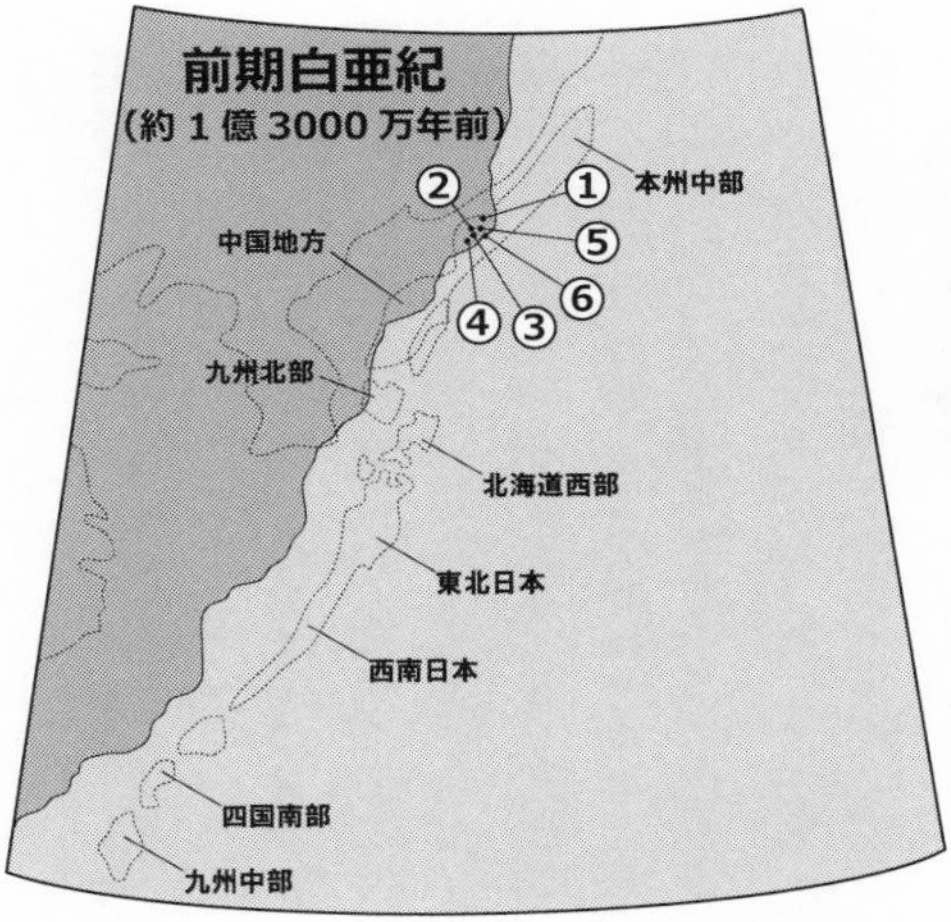

エナンティオルニス類

図1－3　中生代・前期白亜紀の日本と鳥類の分布（古地図は文献7をもとに作成）
①富山県 富山市（大山町）
神通層群 跡津川層：鳥類足跡化石[8]
②福井県 勝山市
手取層群 北谷層：プラジウーリサス・フクイエンシス（卵殻化石）[9]
フクイプテリクス・プリマ[10]、鳥類足跡化石[11]
③福井県 大野市（和泉村）
手取層群 伊月層：アクアティラビペス・イズミエンシス（足跡化石）[12]
④福井県 福井市
手取層群 小和清水層：鳥類足跡化石[13]
⑤石川県 白山市（白峰村）
手取層群 桑島層：エナンティオルニス類[14]
⑥岐阜県 高山市（荘川村）
手取層群 大黒谷層：エナンティオルニス類[15]

がある新しい卵殻化石プラジウーリサス・フクイエンシスが報告されている。[9] このように、古生物学では足跡や卵・卵殻の化石にも学名が与えられる。これらの化石は、前期白亜紀のユーラシア大陸東縁部では、当時の鳥たちが川辺や湿原などで活発に生活していたことを示している。

福井県勝山市から発見されたフクイプテリクス・プリマは、頭骨を除くほぼ全身の骨格が発見されている。[10] この鳥は約一億二〇〇〇万年前に生息しており、アーケオプテリクスに次いで原始的な鳥類であると考えられている。通常、もっとも原始的な鳥類では、小型獣脚類恐竜にもみられる骨質の長い尾が特徴だが、フクイプテリクスの尾は現代の鳥のように短く、先端の尾椎が癒合して尾端骨が形成されている。短い尾や尾端骨の獲得は、鳥類の飛翔能力に密接に関わっているため、フクイプテリクスの化石は、初期鳥類の飛翔能力の進化がこれまで考えられていたよりも複雑であったことを示している。[10]

前期〜後期白亜紀の地球上に広く分布していた鳥類の一つに、エナンティオルニス類が挙げられる。エナンティオルニス類は前肢・後肢に鋭いカギ爪を持ち、樹上での生活に適応していた。アゴには歯を持つものが多く、胸骨の竜骨突起は小さく、羽ばたき（フラッピング）を行うための筋肉（大胸筋や小胸筋）はあまり発達していなかった。しかし、骨格のつくりはアーケオプテリクスよりも派生的で、より現生の鳥の姿に近くなっている。[3]

日本からも、石川県白山市と岐阜県高山市に分布する手取層群からそれぞれエナンティオルニス類の化石が発見されており、前者は上腕骨の一部、[14] 後者は足根中足骨の一部[15]が報告されている。エナンティオルニス類の化石はフクイプテリクスよりも古い時代の地層から発見されているが、系統的にはより現生の鳥に近いグループである。アジア地域のエナンティオルニス類はそのほとんどが中国遼寧省から発見されているが、石川県や岐阜県のエナンティオルニス類の化石は、このグループがより沿岸に近い環境にも生息していた可能性を示している。

2-2　海をめざした鳥たち——後期白亜紀（一億～六六〇〇万年前）

白亜紀中頃には海水準（海面の相対的な高さ）が急上昇し、約一億年前には、地球史上もっとも海水準が高い時代を迎えた[16]。全球的に温暖な浅海の割合が増え、北米大陸では巨大な内海が発達し、大陸を分断していた。陸域には多様な非鳥類型恐竜類が、海域にはモササウルス類やクビナガリュウ類などの大型海生爬虫類が多様化した。また、鳥類の多様性にも大きな変化が起こった。それまでの鳥類は主に陸地もしくは河川や湖などの淡水域に生息していたが、約一億年前、海洋で生活を営む〝海鳥〟が初めて現れた。

最古の海鳥はヘスペロルニス目と呼ばれるグループで、白亜紀中頃～後期白亜紀の北半球、特にかつて北米に存在した内陸海路に広く分布していた[3]。このグループは後肢で泳ぐことが得意で、中には翼を極端に小さくして完全に飛ぶことをやめ（無飛翔化）、ヒトの大人の背丈ほどにまで大型化したものも出現した。ヘスペロルニス目はアビ目やカイツブリ目と共通して、細長い腸骨、短くてがっしりとした大腿骨、長い脛足根骨《けいそっこんこつ》を持つ。これらの骨学的な特徴から、ヘスペロルニス類は、マガモやオオバンのような主に水面を泳ぐ鳥よりも潜水に特化しており、主に「かかと」から先を動かして泳いでいたと考

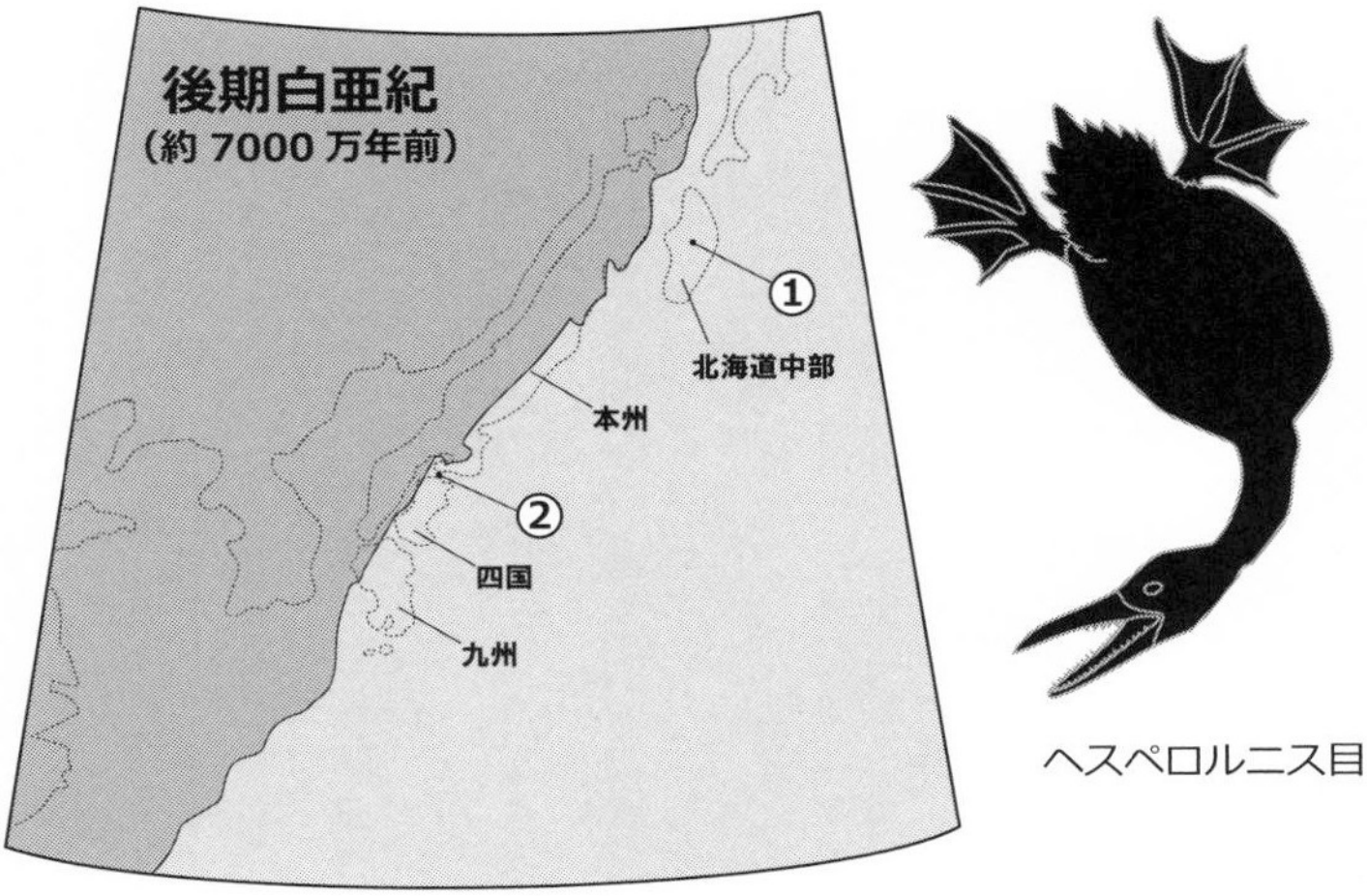

図１－４　中生代・後期白亜紀の日本と鳥類の分布（古地図は文献７をもとに作成）
①北海道 三笠市
蝦夷層群 鹿島層：チュプカオルニス・ケラオルム[17]
②兵庫県 洲本市
和泉層群 北阿万層：ヘスペロルニス目[18]

えられる。ヘスペロルニス目は現生鳥類に非常に近縁だが、依然としてアゴに歯を持っている（図１－１Ｂ）。また、左右の下顎骨は先端で癒合しておらず、可動性のあるアゴは大型の獲物を飲み込む際に役立っただろう。

　北海道の中軸部に分布する蝦夷層群や、兵庫県の淡路島に分布する和泉層群は白亜紀の海の地層であり、保存良好なアンモナイト化石や、クビナガリュウ類やモササウルス類などの大型海生爬虫類を含む脊椎動物化石を多数産出する。ごく稀に、このような動物化石の中に海鳥の化石がみられることがあり、北海道三笠市、兵庫県洲本市に分布する後期白亜紀の地層からヘスペロルニス目の化石が見つかっている（図１－４）。三笠市で発見されたチュプカオルニス・ケラオルムは原始的なヘスペロルニス目であり、このグループでは現状、アジア最古の化石記録である。[17] また、兵庫県洲本市産の化石は白亜紀末期（約七二〇〇万年前）のもので、ヘスペロルニス目が白亜紀の終わり頃までユーラシア大陸東縁部の浅海域に生息していたことを示している。[18]

2-3　滅びたものと生き残ったもの──白亜紀末の大量絶滅（約六六〇〇万年前）

白亜紀の終わり、日本からは遠く離れた、メキシコのユカタン半島に直径一〇～一五キロメートルの小惑星が衝突した。この衝突で生じた粉塵と二酸化炭素、硫黄などが大気中に放出され、長期間にわたり太陽光を遮断する〝衝突の冬〟が始まった。[19] 約六六〇〇万年前に起こった大量絶滅を境界として、非鳥類型恐竜類をはじめとした様々な生物が地球上から姿を消した。鳥類では、骨質の長い尾を持つ鳥類、エナンティオルニス類、ヘスペロルニス目といったグループは白亜紀末までにすべて絶滅し、特にアゴに歯を持つ鳥類の系統は、中生代以降の地球から完全に姿を消した。唯一、アゴに歯を持たない現生鳥類につながる一部のグループ（新鳥類）のみがこの大量絶滅を生き延び、現在までその子孫を残し続けている。最近の研究では、白亜紀末に起こった小惑星衝突の影響によって全世界的に森林が壊滅的打撃を受け、エナンティオルニス類のような樹上性の鳥類の絶滅を引き起こし、樹上性ではない新鳥類が選択的に生き残ることができたのではないかと考えられている。[20] かくして〝衝突の冬〟を生き延びたわずかな鳥たちは、新生代のはじめに爆発的に多様化し、現在ではもっとも繁栄した陸上脊椎動物へと復興していった。

3　新生代の日本の鳥類相

非鳥類型恐竜類が地上から姿を消し、新生代が幕を開けた直後、絶滅期を生き延びた日本の鳥類はどのように進化してきたのだろうか？　実は、新生代のはじめの時代、古第三紀・暁新世および始新世（六六〇〇万～三四〇〇万年前）の鳥類化石は日本からほとんど見つかっておらず、中生代末の大量絶滅直後の日本にどのような鳥が生息していたのか、今のところ不明である。日本では、中生代が終わってから約三三〇〇万年後の古第三紀始新世末期～漸新世初期の地層からはっきりとした鳥類の化石記録がみられる。ここでは、新生代漸新世～更新世の日本にすんでいた奇妙な絶滅鳥類たちの姿をのぞいてみよう。

3－1　かつて日本を支配した巨大な海鳥――古第三紀・漸新世（三四〇〇万～二三〇〇万年前）

漸新世は古第三紀最後の時代である。この時代、それまでユーラシア大陸の東縁部であった日本に大きな変化が起こった。漸新世の初期（約三〇〇〇万年前）、地震や火山活動などによって、ユーラシア大陸の東端に数百万年かけて大きな亀裂が入ったのだ。亀裂に水が溜まることで徐々に湖や湿地帯が広がっていき、漸新世の終わり頃（約二五〇〇万年前）になるとこの亀裂に太平洋の海水が流れ込み始め、ユーラシア大陸東縁部に巨大な入り江（日本海の原型）ができた（図１－５）。

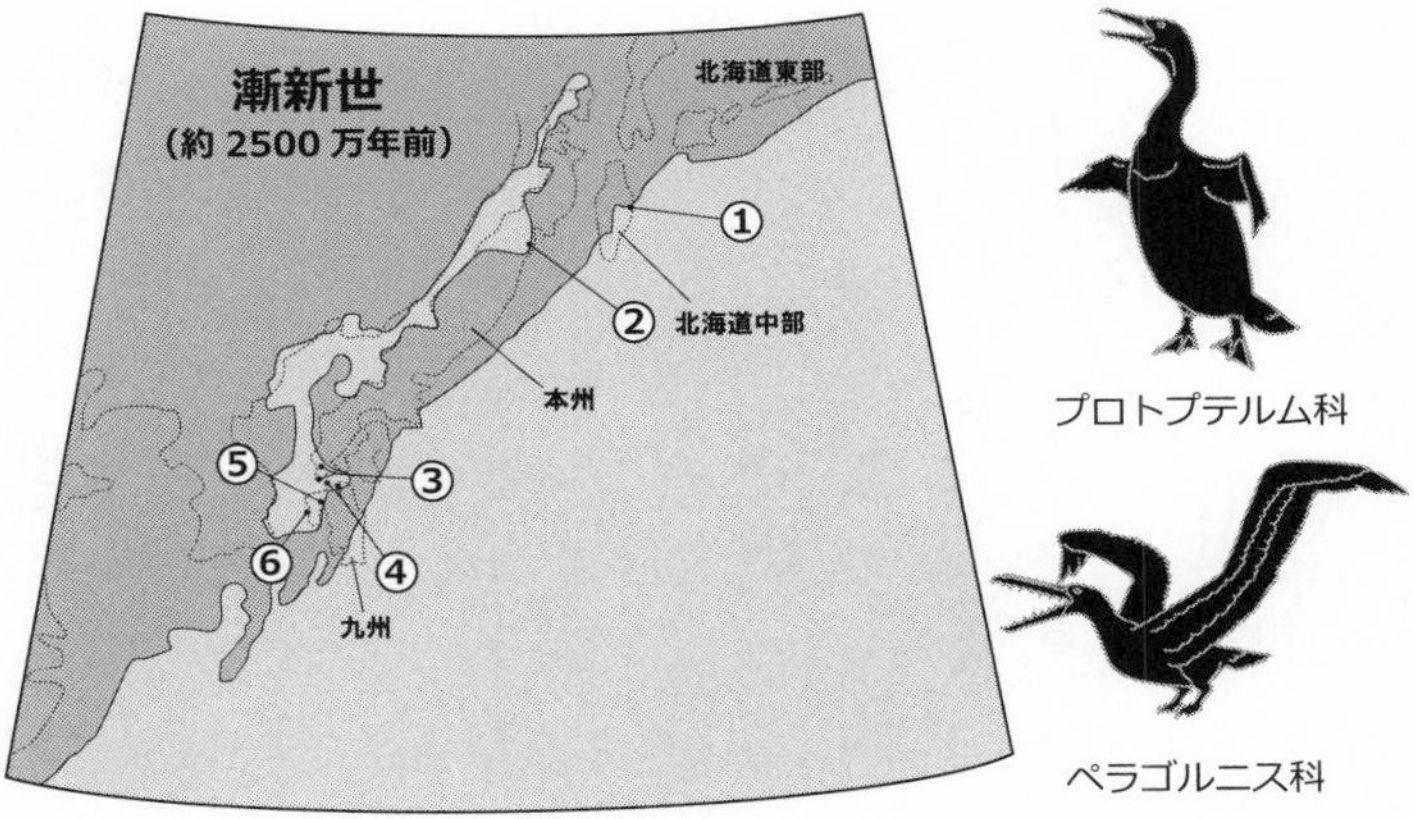

図1－5　新生代・古第三紀漸新世の日本と鳥類の分布（古地図は文献7をもとに作成）
①北海道 網走市
常呂層：ホッカイドルニス・アバシリエンシス[21]
②福島県 いわき市
白水層群 浅貝層：プロトプテルム科[22]
白水層群 石城層：ペラゴルニス科、プロトプテルム科、ミズナギドリ属、カツオドリ属、シロカツオドリ属、ウ科、ウミスズメ科、タカ科[23]
③山口県 下関市
芦屋層群 陣ノ原層：プロトプテルム科[24]、ステノルニス・カンモンエンシス[25]
④福岡県 北九州市
芦屋層群：エンペイロダイテス・オカザキイ[25]
芦屋層群 山鹿層：コペプテリクス・ヘクセリス[25、26]、コペプテリクス・タイタン[26]、ペラゴルニス科[27]
⑤佐賀県
武雄市　杵島層群 杵島層：ペラゴルニス科[28]、プロトプテルム科[29]
伊万里市　杵島層群 行合野砂岩層：プロトプテルム科[22]
⑥長崎県 西海市（西彼杵郡）
西彼杵層群 塩田層：コペプテリクス・ヘクセリス[22、26]
西彼杵層群 徳万層：プロトプテルム科[30]
西彼杵層群 蛎浦層：プロトプテルム科[31]
西彼杵層群 板浦層：プロトプテルム科[31]

漸新世の日本の鳥類化石をみると、カツオドリ科、ウ科、ウミスズメ科、タカ目など、現生鳥類のグループに近縁とされるものが徐々に出現し始め[28]、陸地や河川、海洋などの様々な環境に広がっていたことがうかがえる。その一方で、当時の日本には、今では絶滅してしまった奇妙な鳥たちも生息していた。巨大な海鳥、ペラゴルニス科とプロトプテルム科だ。これら二つのグループは北海道から東北地方、九州地方にかけて広く化石が発見されており、漸新世の日本を〝支配〟していた海鳥たちである。

ペラゴルニス科は、中生代が終わって間もない古第三紀・暁新世のヨーロッパに出現し、その後全球的に広がった大型の海鳥である[32]。遠洋を帆翔《はんしょう》（ソアリング）や滑空（グライディング）するために高度に適応した体のつくりを持つ[33]。ペラゴルニス科の最大の特徴は、上下顎に「歯」に似た鋭利な突起（骨質歯）があることであり（図1―1C）、〝骨質歯鳥類〟とも呼ばれる。非鳥類型恐竜や中生代鳥類が持つ「歯」は骨ではなく、主に象牙質やエナメル質でできており、上下顎にある歯槽にはまっている（槽性歯）。一方、ペラゴルニス科の持つ「骨質歯」は、上下顎の骨そのものの縁が歯のように尖っている。滑りやすい獲物を捕まえるための機能は類似しているが、これは本物の歯ではない。アゴにある鋭い突起に加え、ペラゴルニス科はきわめて長い翼を持ち、骨は高度に軽量化されている[34]。小型の種だとカツオドリほどの大きさだが、最大の種では、翼を広げると六メートル以上の大きさで、鳥類最大の翼長を有する。この非常に長い翼を用いて水面上を飛び、突起のあるアゴで滑りやすい魚や頭足類などを捕らえていた。ペラゴルニス科の骨格構造は羽ばたきには向いていないが、現生のアホウドリのように帆翔によって海の上を長距離飛行できたと考えられる[35]。

ペラゴルニス科の系統位置についてははっきりとはわかっていない。従来、ミズナギドリ目やカツオドリ目、ペリカン目との類似性が指摘されていたが[33]、最近の研究では、ペラゴルニス科はより原始的な鳥類で、新顎類、キジカモ類、カモ目いずれかの姉妹群ではないかと考えられている[6,36,37]。日本の漸新世におけるペラゴルニス科の化石は、福島県いわき市[23]、福岡県北九州市[27]、佐賀県武雄市[28]から見つかっている。特に北九州市からは六〇センチメートルを超える長さのペラゴルニス科の上腕骨が発見されており、翼開長は約六メートルだったと推定される。漸新世の日本の海岸には、巨大なペラゴルニス科が悠々と空を舞っていたようだ。

漸新世の日本に生息していたもう一つの奇妙な海鳥は、プロトプテルム科だ。プロトプテルム科は、始新世の終わり頃に出現し、中新世の中頃にかけて北太平洋に広く生息していた大型の海鳥である[3]。後期白亜紀に生息していたヘスペロルニス目と同じく、潜水に特化するために飛ぶことをやめた鳥類だが、後肢を用いて潜水したヘスペロルニス目とは大きく異なり、プロトプテルム科は扁平なフリッパー状の翼を用いて巧みに水泳・潜水していた。南半球に生息するペンギン目と非常に似た姿をしていることから、プロトプテルム科は別名〝ペンギンもどき〟とも呼ばれている[22]。

プロトプテルム科の分類については長年議論が続いている。頭骨の形はカツオドリ科に似ており[38]、多くの研究者は、プロトプテルム科はカツオドリ科やウ科に近縁な鳥類で、ペンギン目との類似性は収《しゅう》斂《れん》進化の結果だと考えている[39,40,41]。一方で、日本産の保存状態の良い頭骨化石をCTスキャンで解析した研究では、プロトプテルム科の脳の形はカツオドリ科よりもペンギン科に類似していることが明らかになり、[42]この二つのグループは近縁であるという意見もある。[43]未だ謎が多い海鳥である。

日本では、プロトプテルム科が多数発見されている。漸新世の地層からは、北海道網走市、[21]福島県いわき市、[22,23]山口県下関市、[24,25]福岡県北九州市、[25,26,27]佐賀県武雄市、[29]伊万里市、[22]長崎県西海市[22,26,30,31]からその化石が見つかっている。特に、網走市のホッカイドルニス・アバシリエンシス[21]や下関市のステノルニス・カンモンエンシス、[25]北九州市のコペプテリクス・ヘクセリス、コペプテリクス・タイタン、[26]エンペイロダイテス・オカザキイ[25]は日本特有のプロトプテルム科で、漸新世の日本には多様なプロトプテルム科が生息していたことがうかがえる。

3-2　多様化する鳥類と開かれた日本海——新第三紀・中新世（二三〇〇万〜五三〇万年前）

一七〇〇万〜一四〇〇万年前、東北日本と西南日本は別々にユーラシア大陸から引きはがされた。東北日本は反時計回りに、西南日本は時計回りに回転しながら、二本の列島は観音開きのように大陸から分離し、日本海は徐々に大きくなっていった。そして約一五〇〇万年前には、日本海の拡大はほぼ完了したと考えられている（図1-6）。

中新世の日本の鳥類化石では、埼玉県秩父市、[48]岐阜県瑞浪市、[48]三重県津市[57]からペラゴルニス科が発見されている。特に秩父市と津市から発見されたペラゴルニス科は、前者は方形骨の形態から、後者は歯骨にある骨質歯の大きさの変化パターンや間隔の比率から、オステオドントルニス属に同定されている。ペラゴルニス科に加え、岐阜県瑞浪市からはプロトプテルム科の化石も報告されている。[54]この二つの絶

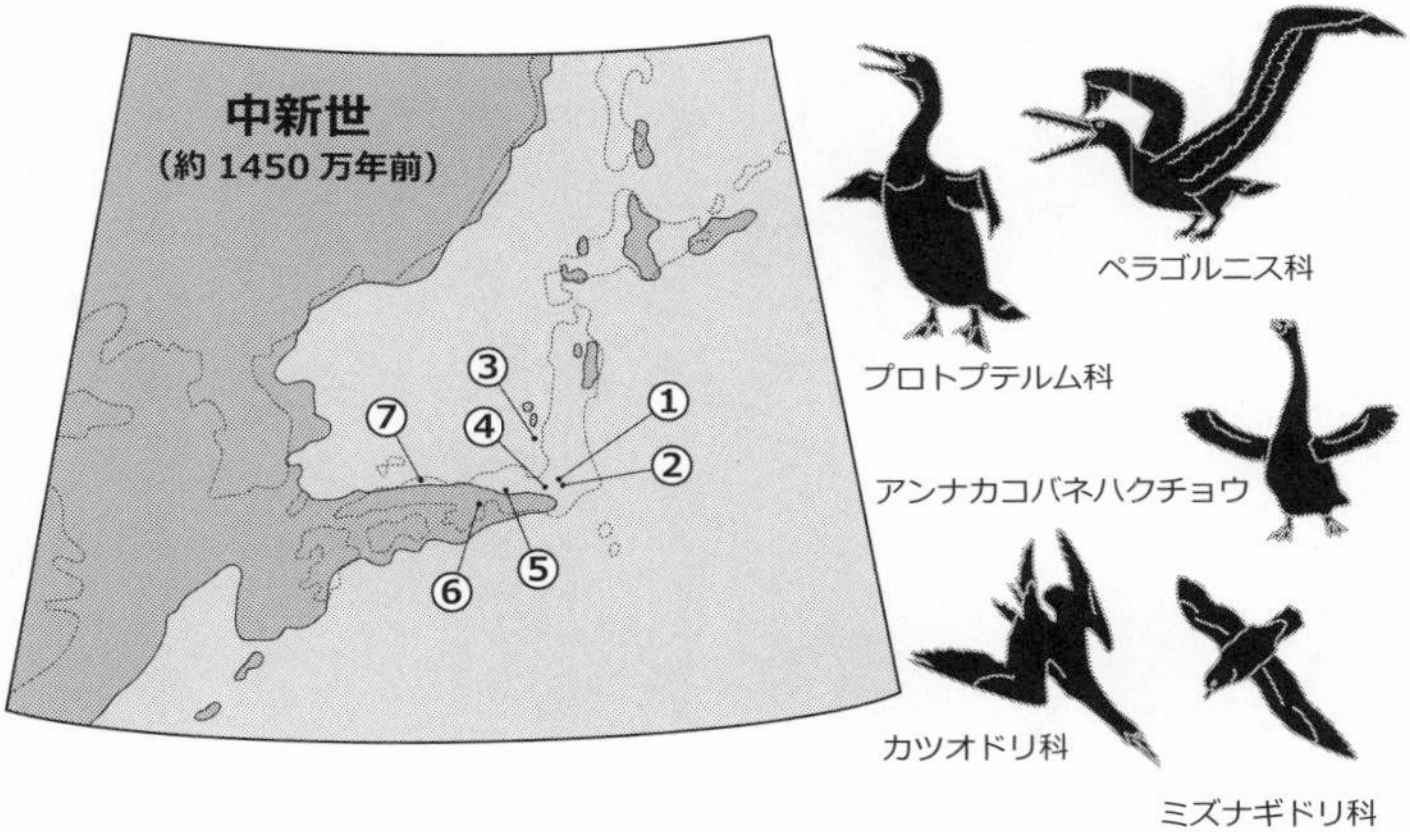

図1－6　新生代・新第三紀中新世の日本と鳥類の分布（古地図は文献7をもとに作成。鳥類の復元画は文献44、72をもとに作成）
①群馬県 安中市
富岡層群 原田篠層：ウ科、カツオドリ科 [46]
富岡層群 原市層：アンナカコバネハクチョウ [46、47]
②埼玉県 秩父市
秩父町層群 奈倉層：オステオドントルニス属 [48]、ミズナギドリ属 [49]、カツオドリ属 [50]
彦久保層群富田層：ヘビウ属 [49]
③新潟県 佐渡市（佐渡島 中山峠）
佐渡層群 中山層：ハト科 [51、52]
④長野県 安曇野市
青木層：アホウドリ科 [53]
⑤岐阜県 瑞浪市
瑞浪層群：プロトプテルム科 [54]、ペラゴルニス科 [48]、アビ属 [55]、ヘビウ科 [56]、カモ科、ウミスズメ科 [49]
⑥三重県 津市（一志郡美里村）
一志層群 大井層：オステオドントルニス属 [57]、“ディオメディア”・タナカイ [58]
⑦鳥取県 鳥取市（岩美郡国府町）
鳥取層群 岩美層：スズメ目 [59]

滅した海鳥のグループが漸新世から引き続き日本で共生していた証拠だ。ただし、プロトプテルム科は中新世中頃に絶滅したと考えられており、中新世以降、〝ペンギンもどき〟は地球上から完全に姿を消した[3]。

現生鳥類と近縁なグループの鳥類化石も、日本の中新世の地層から多数見つかっている。新潟県佐渡市からハト科[51,52]、長野県安曇野市からアホウドリ科[53]、群馬県安中市からウ科・カツオドリ科・カモ科[46,47]、埼玉県秩父市からミズナギドリ属・カツオドリ属・ヘビウ属[49,50]、岐阜県瑞浪市からアビ属・ヘビウ科・カモ科・ウミスズメ科[49,55,56]の化石が報告されている。また、三重県津市からは新種の小型アホウドリ属〝ディオメディア〟・タナカイの化石が[58]、鳥取県岩美郡からはアジア最古のスズメ目化石が報告されている[59]。特に、群馬県安中市から報告されたカモ科はほぼ全身骨格が保存された化石であり、ハクチョウ族に同定されている[47]。翼をつくる前肢骨の長さの比率や、厚い骨壁を持つことから、無飛翔性のハクチョウの仲間であると考えられ、その特徴から「アンナカコバネハクチョウ」と呼称される[44]。

3-3 つながった二本の〝日本列島〟――新第三紀・鮮新世（五三〇万〜二六〇万年前）

鮮新世が始まって間もなく（約五〇〇万年前）、丹沢山地が関東山地に衝突し、中新世にユーラシア大陸から引きはがされた二本の独立した列島（東北日本と西南日本）が一本につながった。また、中新世には大半が海の底に沈んでいた東北地方は、鮮新世の終わり頃（約三〇〇万年前）には急激に隆起し、東日本の山々が形成された。この時代の日本列島はまだユーラシア大陸から北東に延びる長大な半島で

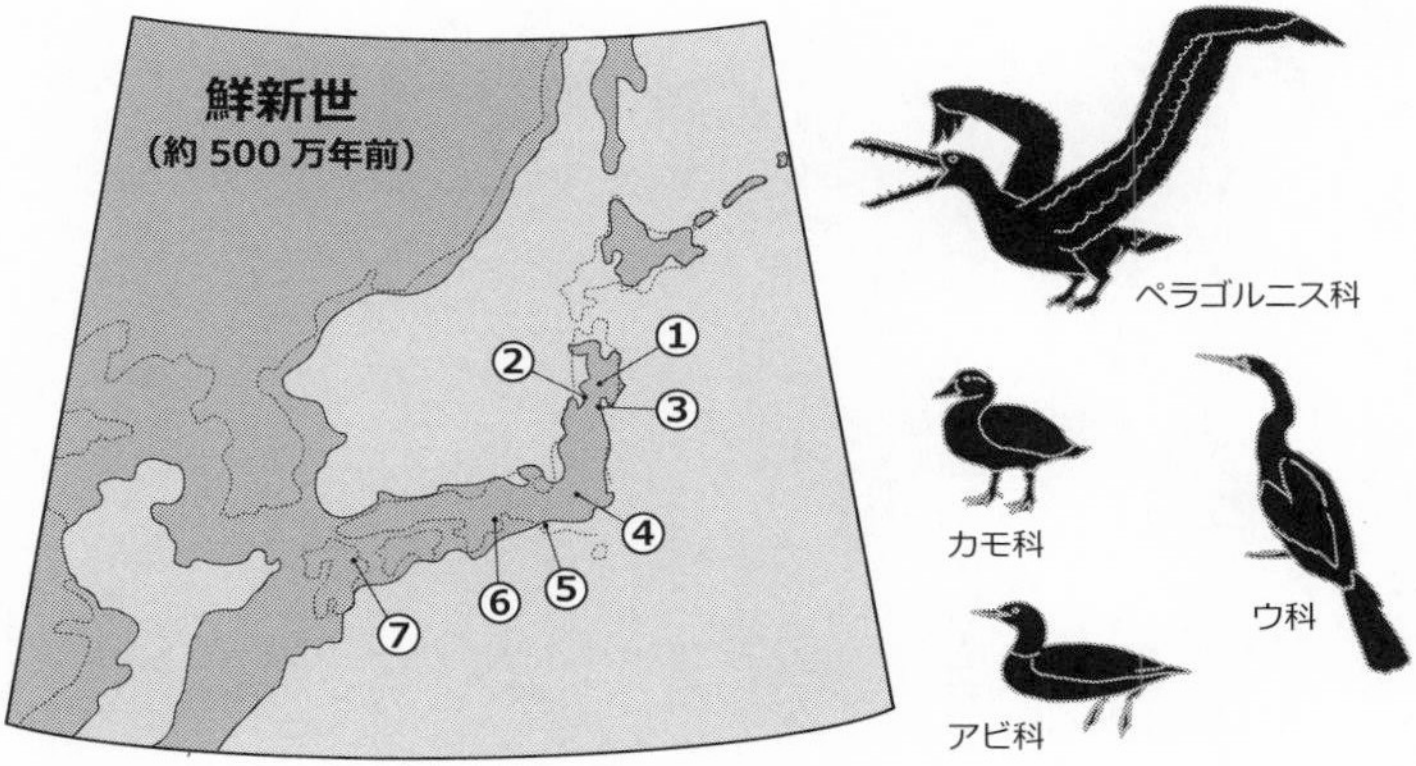

図1－7　新生代・新第三紀鮮新世の日本と鳥類の分布（古地図は文献7をもとに作成。鳥類の復元画は文献72をもとに作成）
①岩手県 奥州市（胆沢郡前沢町）
湯島層：ペラゴルニス科 (60)
②山形県 舟形町 最上郡舟形町（最上炭田）
本合海層：ツル科（足跡化石）(61)
③宮城県 仙台市
カモ科 (62)
④長野県・群馬県境
兜岩層：スズメ目？(63)、水鳥（羽毛化石）(63)
⑤静岡県 掛川市
掛川層群 土方層：アビ属 (64)
掛川層群 大日層：ペラゴルニス科 (65)、鳥綱 (66)
⑥三重県 伊賀市
古琵琶湖層群 中村部層：ウ科 (67、68)
⑦大分県 宇佐市
津房川層：ツル目 (69)

あり（図1－7）、大陸との間に動植物の行き来があったようだ（第2章参照）。

新生代の他の時代と比較すると、鮮新世には日本産の鳥類化石は少ない。岩手県前沢郡（現奥州市）や静岡県掛川市では、引き続きペラゴルニス科の化石が見つかっている[60,65]。日本のペラゴルニス科の化石は、漸新世から鮮新世までの地層で連続的に発見されており、この海鳥のグループは長きにわたってかつての日本に生息していたことがうかがえる。しかし、これ以降の時代の地層からは、ペラゴルニス科の化石は発見されなくなる。世界の化石記録を見ても、ペラゴルニス科は新第三紀末期から起こった寒冷化の影響によって、鮮新世の終わり頃に絶滅したと考えられている[70]。

その他、山形県舟形町（現最上郡舟形町）からツル科の足跡化石[61]、宮城県仙台市からカモ科[62]、長野県と群馬県の県境からスズメ目と推定される鳥類の骨化石や水鳥の羽毛化石[63]、静岡県掛川市からアビ属[64]、三重県伊賀市からウ科[67,68]、大分県宇佐市からツル目など[69]の化石が報告されている。

3－4　氷河時代のおとずれと日本人の出現――第四紀・更新世（二六〇万～一万二〇〇〇年前）

新第三紀が終わりを迎え、とうとう第四紀が幕を開けた。第四紀は、地球史四六億年の中でも、現在を含むもっとも新しい時代で、地球上に「人類」が出現し活動を始めた時代である。第四紀は氷期と間氷期を周期的に繰り返す氷河時代であり、極域には大規模な氷河が発達する地球史上例の少ない時代でもある。約七万年前には最終氷期（現在からみて最近の氷期）が始まり、北半球の広い範囲が巨大な氷床で覆われた。この最終氷期の終わり（約一万二〇〇〇年前）を境界に、第四紀は更新世と完新世に分けられる。更新世の終わり頃の約三万八〇〇〇年前には日本列島に人類が上陸し、「最初の日本人」が出現した（コラム1参照）。地球の歴史という大きなスケールから見ると、現在の我々は完新世という間氷期を生きていることになる。

日本の更新世の鳥類化石は数多く見つかっており、青森県、秋田県、栃木県、長野県、千葉県、東京都、神奈川県、静岡県、広島県、山口県、愛媛県、そして沖縄県から報告されている。これらの化石から、実に様々な鳥類が生息していたことがわかる（図1－8）。この時代の鳥類化石には、現生鳥類と同じ属種として同定可能な化石がみられることも大きな特徴だ。一方で更新世の日本には、現在では見られない絶滅した鳥たちも数多く生息していた。

青森県尻屋崎に分布する中期〜後期更新世の地層からは、陸鳥、水鳥あわせて三八種の鳥類が報告されているが、これらの化石群の中には、新属新種の無飛翔性カモ科アイサ族（海ガモ）シリヤネッタ・ハセガワイ[74]、新種のウミスズメ科ウリア・オノイ[75]、無飛翔性のウミスズメ類マンカラ亜科[76,77]、ウ科の中でも最大種のメガネウ[78]などの絶滅鳥類が含まれる。

マンカラ亜科は現生のウミスズメ科と近縁でより原始的な大型の飛ばないウミスズメ類で、アメリカ・カリフォルニア州やメキシコなどから化石が発見されており、更新世のはじめに絶滅したと考えられている。[3]マンカラ亜科は欧米では「ルーカスウミスズメ」とも呼ばれており、日本では青森県尻屋崎と千葉県君津市からその化石が見つかっている。マンカラ亜科は、翼がフリッパー状で、空は飛べなくなっているが、翼を使って水中を巧みに泳いでいた。フリッパー状に特殊化した翼を使って泳ぐ無飛翔

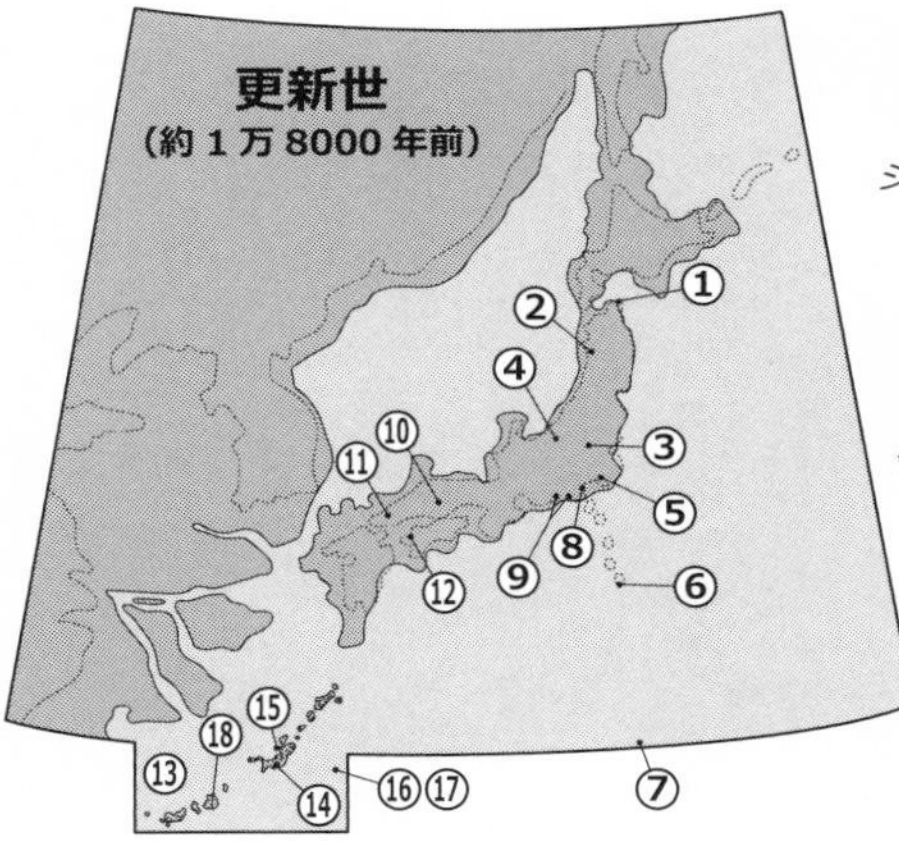

性の海鳥という点において、マンカラ亜科はペンギン目や中新世に絶滅したプロトプテルム科に類似する。しかし、マンカラ亜科はチドリ目で、系統的にはすべての現生ウミスズメ類の仲間が分類されるウミスズメ科の姉妹群に位置する。[3]また、飛ばないウミスズメ類といえば、全長約八〇センチメートルのオオウミガラスを思い浮かべる人もいるだろう。かつて北大西洋や北極圏の島々に広く分布していたが、人間による乱獲で一九世紀に絶滅したとされる。マンカラ亜科はこのオオウミガラスよりも原始的なウミスズメ類である。

メガネウは一七四一年、北太平洋にあるコマンドルスキー諸島(ロシア)ベーリング島にのみ生息する種として発見され、オオウミガラスと同様、一九世紀に人間の手によって絶滅に追いやられたと考えられている。青森県尻屋崎から見つかったメガネウの化石は、人間に発見されるはるか昔(約一二万年前)には、メガネウはベーリング島から約二四〇〇キロメートル離れた日本にまで

図1－8　新生代・第四紀更新世の日本と鳥類の分布（古地図は文献7、71をもとに作成。鳥類の復元画は文献45、72、73をもとに作成）
①青森県下北郡東通村（尻屋崎）
シリヤネッタ・ハセガワイ[(74)]、ウリア・オノイ[(75)]、マンカラ亜科[(76、77)]、メガネウ[(78)]、陸鳥[(79)]など38種
②秋田県 潟上市（南秋田郡昭和町）
コウノトリ目[(80)]
③栃木県 佐野市（葛生町）
タカ科、スズメ目[(55)]
④長野県 上水内郡信濃町（野尻湖）
キジ目、ウ科[(81)]
⑤千葉県 印西市・市川市・君津市、東京都日野市
シロエリオオハム[(82)]、コオリガモ、マンカラ、ヒメウミスズメなど10種[(83)]
⑥東京都 青ケ島村（青ケ島）
アホウドリ属[(84)]
⑦東京都 小笠原村（母島）
ノスリ、ミナミシロハラミズナギドリなど6種[(55)]
⑧神奈川県 川崎市・藤沢市
カモ属、シギ科、ウ科[(55、85)]
⑨静岡県 伊豆市・浜松市
ヤマドリ、イヌワシ属、スズメ目など9種[(55、86、87、88、89)]
⑩広島県 神石郡神石高原町（帝釈峡）
カモ科、ヤマドリ、タカ科、トラフズク、ムクドリ、ホオジロなど20種[(90)]
⑪山口県 美祢市（秋吉台）
キジ属、タカ科[(55)]
⑫愛媛県 大洲市
ヤマドリ、リュウキュウガモ、タカ科など5種[(91)]
⑬琉球列島（沖縄本島、伊江島、久米島、宮古島、石垣島）
アカチャゴイ、オオクイナ、アマミヤマシギなど44種[(92、93)]
⑭沖縄県 島尻郡八重瀬町港川
オオヤマシギ、ヤンバルクイナなど17種[(94)]
⑮沖縄県 国頭郡伊江村（伊江島 ゴヘズ洞穴 ナガラ原西貝塚）
コアホウドリ、ミズナギドリ、ウミウ、ハシブトガラス[(95)]
⑯沖縄県 島尻郡北大東島村（北大東島 長幕第一洞）
アホウドリ、リュウキュウカラスバトなど8種[(96)]
⑰沖縄県 島尻郡南大東村（南大東島 星野洞）
アホウドリ[(97)]
⑱沖縄県 宮古島市（宮古島 ピンザアブ洞穴）
ウミウ、ノスリ、ヒクイナ、キジバト、ハシブトガラス、タカ科など23種[(98)]

その分布域が広がっていたことを物語っている[78]。

後期更新世の琉球列島（沖縄本島、伊江島、久米島、宮古島、石垣島、北大東島、南大東島）からは、これまでに四〇種以上の多種多様な鳥類化石が報告されている[92、93、94、95、96、97、98]。これらの鳥類化石は、沖縄本島の「港川人」、宮古島の「ピンザアブ洞人」として知られる二万〜三万年前の人類化石とほぼ同時代、もしくは近い時代から産出している。

沖縄本島島尻郡八重瀬町港川の後期更新世の地層から見つかる鳥類化石群は、そのほとんどがアマミヤマシギの新亜種オオヤマシギ[94]とヤンバルクイナで構成され、天然記念物として指定されるアマミヤマシギ、ルリカケス、オオトラツグミ（現在では奄美大島周辺の固有種）の化石も産出する[92]。現在は沖縄本島北部にのみ残っているヤンバルのような豊かな森林が、後期更新世には本島南部まで広がっていたようだ。また、アマミヤマシギやオオトラツグミの化石は宮古島の同時代の地層からも産出しており、これらの化石は、当時は森林性の鳥類相がかなり南方まで広がっていたことを示している[92]。

4　おわりに

この章では化石をもとに、地質時代別に日本の鳥類相の変遷をみてきた。この章の冒頭でも述べたとおり、現在の日本では約六〇〇種の鳥類が確認されているが、そのうち無飛翔性の鳥類はたった一種、沖縄本島北部にのみ生息するヤンバルクイナだけである。現在の日本で生活する我々にとって、飛ばない野鳥は非常に珍しいものだ。しかし地質時代を通して日本の鳥類相をみると、後期白亜紀、漸新世から更新世まで、かつての日本には様々な無飛翔性の海鳥が生息しており、飛ばない海鳥のニッチ（生態的地位）は、各時代でその地位を占めていた種の絶滅が起こるたびに、別の種へと入れ替わっていたかのように見える。現在の日本（およびユーラシア大陸東縁部）では無飛翔性海鳥のニッチを占める鳥は確認されていないが、最終氷期末期にあたる後期更新世までは存在していたようである。このように、化石を研究することによって、今では姿を消してしまった鳥たちの存在を知ることができる。鳥類に限らず、長い時間軸における生き物の生態変化を理解するためには、地質時代を通した化石の分析は欠かせない。

さて、第四紀更新世の終わり頃には人類が日本列島に到達し、この時代以降の地層から産出する化石は、日本人の活動する時代と重なる（コラム1参照）。そのため、更新世以降の鳥類の骨は人類が残した遺跡から考古遺物としても見つかる。日本でこれまで報告されている鳥類化石の半数以上は、第四紀の化石だ。これらの標本は古生物学のみならず、動物考古学や考古動物学の研究対象にもなる。第四紀における日本の鳥類の歴史については、主に分子生物学的、もしくは考古動物学的研究によって分析されており、これらの研究手法や成果などは、第2章と第3章でそれぞれ詳しく述べられる。

前期白亜紀以降、鳥類には飛翔能力をはじめとして、様々な運動機能や生理学的機能を進化させたグループが出現した。深海を除く様々な環境に適応することで、鳥類はもっとも多様化した四肢動物の地位を獲得した。このような、鳥の驚異的な多様性や進化の道のりを解明するためには、当然ながらその手掛かりとなる良質な化石が多くあるほどいい。とはいえ、そもそも脆い鳥類の化石は地層の中で保存されにくい。日本から見つかる多くの鳥類化石、特に中生代のものは、残念ながら中国やヨーロッパなどの諸外国と比較すると量・質ともに大きく劣る。

しかし、日本産の鳥類化石にも非常に保存良好かつ分類学的・進化学的に重要な標本は多数含まれる。例えば日本産のプロトプテルム科化石は、アメリカで発見された化石とあわせ、一九七九年にプロトプテルム科の姿かたちを復元し、彼らが持つフリッパー状の翼がペンギン目やオオウミガラスとの収斂進化の結果であることを明らかにした[99]。また、日本では保存状態の良いプロトプテルム科の頭骨化石が見つかっており、そのような化石から彼らの脳形態が明らかにされた[42]。さらに日本の鳥類化石は、北太平洋における鳥類の古生物地理学的に重要な情報を提供する。日本産のプロトプテルム科やマンカラ亜科などの化石は、これらの鳥類がかつての北太平洋に広く分布していた証拠を示した[75,76,99]。鳥類化石は確かに部分的、断片的な状態で発見されることが多いが、分類に必要な部位さえ観察できればどのような鳥類か同定可能であり、その化石が世界的に重要な発見になることも多々あるのだ。断片的な化石だからといって、その化石の学術的価値が下がることは決してない。

ここでは日本で見つかっているすべての鳥類化石を網羅しきれておらず、学会や報告書などで報告されている化石はまだ存在する。研究施設に収蔵されたまま未調査の鳥類化石標本もあるだろうし、あるいは鳥類化石とは気付かれないまま収蔵されている標本もあるかもしれない。今後、鳥類化石を判別できる人が増えれば増えるほど、野外で化石が発見されたり、博物館の標本が再認識されたりする確率も上がると考えられる。日本の古鳥類学は、始まったばかりだ。

【参考文献】
（1）日本鳥学会編　二〇一二　日本鳥類目録 改訂第七版　日本鳥学会　兵庫
（2）Meyer H von（1861）*Archaeopteryx lithographica*（Vogel-Feder）und Pterodactylus von Solnhofen. Neues Jahrb Min Geol Paläontol 1861: 678–679.
（3）Mayr G（2016）Avian Paleontology. Wiley & Sons Ltd.
（4）Bhullar BS, Hanson M, Fabbri M, Pritchard A, Bever GS, & Hoffman E（2016）How to make a bird skull: major transitions in the evolution of the avian cranium, paedomorphosis, and the beak as a surrogate hand. Integrative and comparative biology, 56（3）, 389-403.
（5）Marsh OC（1880）*Odontornithes: A monograph of the extinct toothed birds of North America.* Report of the United States Geological Exploration of the 40th Parallel, Washington.
（6）Louchart A, Sire JY, Mourer-Chauviré C, Geraads D, Viriot L, Buffrénil V（2013）Structure and growth pattern of pseudoteeth in *Pelagornis mauretanicus*（Aves, Odontopterygiformes, Pelagornithidae）. PLOS ONE 8（11）: e80372.
（7）平朝彦　一九九〇　日本列島の誕生　岩波書店　東京
（8）藤田将人　二〇〇二　Ⅲ 脊椎動物化石　富山県恐竜化石調査団　富山県恐竜化石試掘調査報告書：一一—一六頁
（9）Imai T & Azuma Y（2014）The oldest known avian eggshell, *Plagioolithus fukuiensis,* from the Lower Cretaceous（upper Barremian）Kitadani Formation, Fukui, Japan. Hist Biol 27: 1090-1097.
（10）Imai T, Azuma Y, Kawabe S, Shibata M, Miyata K, Wang M & Zhonghe Z（2019）An unusual bird（Theropoda, Avialae）from the Early Cretaceous of Japan suggests complex evolutionary history of basal birds. Commun Biol

2, 399. https://doi.org/10.1038/s42003-019-0639-4
(11) Azuma Y & Tomida Y (1995) Early Cretaceous dinosaur fauna of the Tetori Group in Japan. Sixth Symposium on Mesozoic Terrestrial Ecosystems and Biota: Short Papers, 125-131.
(12) Azuma Y (2002) Early Cretaceous bird tracks from the Tetori Group, Fukui Prefecture, Japan. Memoir of Fukui Prefectural Dinosaur Museum 1: 1-6.
(13) Shimada M, Noda Y, Hayashi S, Azuma Y, Yabe A & Terada K (2010) Late Jurassic to Early Cretaceous dinosaur and bird footprints from the Tetori Group in Fukui City, Fukui Prefecture, central Japan. Memoir of the Fukui Prefectural Dinosaur Museum 9: 47-54.
(14) Matsuoka H, Kusuhashi N, Takada T & Setoguchi T (2002) A clue to the Neocomian vertebrate fauna : initial results from the Kuwajima "Kaseki-kabe" (Tetori Group) in Shiramine, Ishikawa, central Japan. Memoirs of the Faculty of Science, Kyoto University. Series of geology and mineralogy 59 (1) : 33-45
(15) Davis PG (1997) An enantiornithine bird from the Lower Cretaceous of Japan. Abstract of Annual Meeting of Paleontological Society of Japan 56.
(16) Olde K, Jarvis I, Uličný D, Pearce MA, Trabucho-Alexandre J, Čech S, Gröcke DR, Laurin J, Švábenická L & Tocher BA (2015) Geochemical and palynological sea-level proxies in hemipelagic sediments: A critical assessment from the Upper Cretaceous of the Czech Republic. Palaeogeogr. Palaeoclimatol. Palaeoecol. 435: 222-243.
(17) Tanaka T, Kobayashi Y, Kurihara K, Fiorillo AR & Kano M (2017) The oldest Asian hesperornithiform from the Upper Cretaceous of Japan, and the phylogenetic reassessment of Hesperornithiformes. J Syst Palaeontol 16 (8) : 689-709.
(18) Tanaka T, Kobayashi Y, Ikuno K, Ikeda T & Saegusa H (2020) A marine hesperornithiform (Avialae: Ornithuromorpha) from the Maastrichtian of Japan: Implications for the paleoecological diversity of the earliest diving birds in the end of the Cretaceous. Cretac Res 113: 104492.

（19）Schulte P, Alegret L, Arenillas I, Arz JA, Barton PJ, Bown PR, Bralower TJ, Christeson GL, Claeys P, Cockell CS, Collins GS, Deutsch A, Goldin TJ, Goto K, Grajales-Nishimura JM, Grieve RA, Gulick SP, Johnson KR, Kiessling W, Koeberl C, Kring DA, MacLeod KG, Matsui T, Melosh J, Montanari A, Morgan JV, Neal CR, Nichols DJ, Norris RD, Pierazzo E, Ravizza G, Rebolledo-Vieyra M, Reimold WU, Robin E, Salge T, Speijer RP, Sweet AR, Urrutia-Fucugauchi J, Vajda V, Whalen MT & Willumsen PS (2010) The Chicxulub asteroid impact and mass extinction at the Cretaceous-Paleogene boundary. Science 327（5970）：1214-1218.

（20）Field DJ, Bercovici A, Berv JS, Dunn R, Fastovsky DE, Lyson TR, Vajda V & Gauthier JA (2018) Early evolution of modern birds structured by global forest collapse at the end-Cretaceous mass extinction. Current Biology 28: 1-7.

（21）Sakurai K, Kimura M & Katoh T (2008) A new penguin-like bird (Pelecaniformes: Plotopteridae) from the Late Oligocene Tokoro Formation, northeastern Hokkaido, Japan. Oryctos 7: 83-94.

（22）長谷川善和・礒谷誠一・長井孝一・関麒一・鈴木直・大塚裕之・太田正道・小野慶一　一九七九　漸新―中新世のペンギン様鳥類化石（Parts I-VII）　北九州市立自然史・歴史博物館研報　一：四一―六〇頁

（23）小野慶一・長谷川善和　一九九一　石城層動物化石発掘調査報告書　財団法人いわき市教育文化事業団　福島

（24）Ando T & Fukata K (2018) A well-preserved partial scapula from Japan and the reconstruction of the triosseal canal of plotopterids. PeerJ 6: e5391; DOI 10.7717/peerj.5391.

（25）Ohashi T & Hasegawa Y (2020) New Species of Plotopteridae（Aves）from the Oligocene Ashiya Group of Northern Kyushu, Japan. Paleontological Research 24（4）：285-297.

（26）Olson SL & Hasegawa Y（1996）A new genus and two new species of gigantic Plotopteridae from Japan（Aves: Pelecaniformes）. J Vertebr Paleontol 16（4）：742-751.

（27）Okazaki Y（1989）An occurrence of fossil bony-toothed bird（Odontopterygiformes）from the Ashiya Group（Oligocene）, Japan. Bull Kitakyushu Mus Nat Hist 9: 123-126.

（28）岡崎美彦　二〇〇六　佐賀県の杵島層群（漸新統）から産出した骨質歯鳥化石　北九州市立自然史・歴史博物館研報

四：一一一—一一四頁
（29）岡崎美彦・不動寺康弘・辻茜　二〇〇八　佐賀県の漸新世杵島層群産のプロトプテルム類叉骨化石　佐賀県立宇宙科学館調査研究書　二：一—四頁
（30）河野隆重・河野重範　二〇〇一　長崎県崎戸町から産出した大型プロトプテルム（ペンギン様鳥類）化石　日本古生物学会第一五〇回例会予稿集　六〇：九〇
（31）Mori H and Miyata K（2020）Early Plotopteridae specimens（Aves）from the Itanoura and Kakinoura Formations（latest Eocene to early Oligocene）, Saikai, Nagasaki Prefecture, western Japan. Paleontological Research: doi:10.2517/2020PR021. Available online 02 Jul 2020.
（32）松岡廣繁・国府田良樹・小野慶一・長谷川善和　二〇〇三　本邦の骨質歯鳥類化石の特質と白水層群石城層産標本の進化的重要性　群馬県立自然史博物館研報 七：四七—五九頁
（33）Olson SL（1985）The fossil record of birds. In: Famar DS, King JR & Parkes K（eds）*Avian Biology* 8: 79-238˙ Academic Press, Massachusetts.
（34）Bourdon E（2011）The pseudo-toothed birds（Aves, Odontopterygiformes）and their bearing on the early evolution of modern birds. In: Dyke G & Kaiser G（eds）*Living Dinosaurs. The Evolutionary History of Modern Birds:* 209-234. John Wiley & Sons Ltd, New Jersey.
（35）Ksepka D（2014）Flight performance of the largest volant bird. PNAS 111（29）: 10624-10629.
（36）Bourdon E（2005）Osteological evidence for sister group relationship between pseudo-toothed birds（Aves: Odontopterygiformes）and waterfowls（Anseriformes）. Naturwissenschaften 92: 586–591.
（37）Mayr G（2011）Cenozoic mystery birds – on the phylogenetic affinities of bony-toothed birds（Pelagornithidae）. Zool Scr 40: 448–467.
（38）Mayr G, Goedert JL & Vogel O（2015）Oligocene plotopterid skulls from western North America and their bearing on the phylogenetic affinities of these penguin-like seabirds. J Vertebr Paleontol 35, e943764.
（39）Olson SL（1980）A new genus of penguin-like pelecaniform bird from the Oligocene of Washington（Pelecaniformes:

Plotopteridae）. Contrib Sci (Los Angel Calif) 330, 51–57.
（40）Smith ND (2010) Phylogenetic analysis of Pelecaniformes (Aves) based on osteological data: Implications for waterbird phylogeny and fossil calibration studies. PLoS ONE 5: e13354.
（41）Mayr G, Goedert JL, De Pietri VL & Scofield RP (2020) Comparative osteology of the penguin-like mid-Cenozoic Plotopteridae and the earliest true fossil penguins, with comments on the origins of wing-propelled diving. J Zool Syst Evol Res 00: 1-13
（42）Kawabe S, Ando T & Endo H (2014) Enigmatic affinity in the brain morphology between plotopterids and penguins, with a comprehensive comparison among water birds. Zool Linn Soc 170: 467-493.
（43）Mayr G (2005) Tertiary plotopterids (Aves, Plotopteridae) and a novel hypothesis on the phylogenetic relationships of penguins (Spheniscidae）. J Zool Syst Evol Res 43: 61-71.
（44）Matsuoka H, Nakajima H, Takakuwa Y & Hasegawa Y (2001) Preliminary note on the Miocene flightless swan from the Haraichi Formation, Tomioka Group of Annaka, Gunma, Japan. Bull Gunma Mus Natu Hist 5: 1-8.
（45）Smith A. (2016) Evolution of body mass in the Pan-Alcidae (Aves, Charadriiformes）: the effects of combining neontological and paleontological data. Paleobiology 42（1）: 8-26.
（46）松岡廣繁・長谷川善和・中島一・高山義孝・髙桒祐司　二〇〇二　中新統富岡層群の海洋性鳥類化石群　群馬県立自然史博物館研報　六：二五—三一頁
（47）松岡廣繁・長谷川善和・髙桒祐司　二〇〇四　完全剖出された中新統富岡層群産〝アンナカコバネハクチョウ〟標本の骨格要素　群馬県立自然史博物館研報　八：三五—五六頁
（48）Ono K (1989) A bony-toothed bird from the Middle Miocene, Chichibu Basin, Japan. Bull Natn Sci Mus Ser C 15（1）: 33-38.
（49）小野慶一・坂本治　一九九一　秩父盆地における中新世鳥類化石5種の発見　埼玉県立自然史博物館研報　九：四一—四九頁
（50）小野慶一　一九八三　秩父盆地の中新統産出のカツオドリ化石　埼玉県立自然史博物館研報　一：一一—一五頁

（51）菊池勘左衛門　一九七一　中山峠鶴子層より産出した鳥の化石　佐渡博物館館報　二〇：一―八頁
（52）小野慶一・上野輝彌　一九八五　佐渡島の第三紀脊椎動物化石　国立科学博物館専報　一八：六五―七一頁
（53）松岡廣繁・川上常男・小池伯一　二〇〇九　長野県安曇野市豊科田沢の中新統青木累層から発見された史上最小級の化石アホウドリ類について　信州新町化石博物館研報　一三：一―六頁
（54）Olson SL & Hasegawa Y (1985) A femur of *Plotopterum* from the Early Middle Miocene of Japan (Pelecaniformes: Plotopteridae). Bull Natn Sci Mus Tokyo Ser C 11 (3): 137-140.
（55）Rich PV, Hou LH, Ono K & Baird RF (1986) A review of the fossil birds of China, Japan, and southeast Asia. Geobios 19 (6): 755-772.
（56）Hasegawa Y (1977) A Miocene fossil bird from Mizunami-shi. Bull Mizunami Fossil Mus 4: 169-171.
（57）Matsuoka H, Sakakura F & Ohe F (1998) A Miocene psudodontorn (Pelecaniformes: Pelagornithidae) from the Ichishi Group of Misato, Mie prefecture, central Japan. Paleontol Res 2 (4): 246-252.
（58）Davis PG (2003) The oldest record of the genus Diomedea, *Diomedea tanakai* sp. nov. (Procellariiformes: Diomedeidae): an Albatross from the Miocene of Japan. Bull Natn Sci Mus Tokyo Ser C 29: 39-48.
（59）Kakegawa Y & Hirao K (2003) A Miocene Passeriform bird from the Iwami Formation, Tottori Group, Tottori, Japan. Bull Natn Sci Mus Tokyo Ser C 29: 33-37.
（60）大石雅之・小野慶一・川上雄司・佐藤二郎・野苅家宏・長谷川善和　一九八五　岩手県胆沢郡前沢町生母から産出した鮮新世ひげ鯨類化石と骨質歯鳥類化石（Parts I-VI）　岩手県立博物館研報　三：一四三―一六二頁
（61）吉田三郎　一九六五　山形県最上炭田より鳥類の足痕化石を発見す　地質学雑誌　七一（八四〇）：四六九―四七〇頁
（62）鹿間時夫　一九七五　新版古生物学Ⅲ　朝倉書店　三二九―三三二頁
（63）輿水太仲　一九八四　長野・群馬県境　新第三紀兜岩植物化石層産動物化石　地学研究三五：七三―八七頁
（64）松岡廣繁・北村孔志・安井謙介　二〇〇七　静岡県掛川市長谷の掛川層群土方累層から産出したアビ属化石　豊橋市自然史博物館研報　一七：一九―二三頁
（65）小野慶一・長谷川善和・川上雄司　一九八五　日本鮮新統より産出した骨質歯海鳥化石（Odontopterygiformes）の初記

録　岩手県立博物館研究報告　九：四一—四九頁
(66) 新村龍也・柴正博・深田竜一　二〇〇五　掛川層群大日層から産出した後期鮮新世の脊椎動物（哺乳類・鳥類）化石　海・人・自然（東海大学博物館研報）　七：一五—二三頁
(67) 小野慶一　一九八三　古琵琶湖層産出のウ科鳥類化石　第90年地質学会総会講演要旨　二八九頁
(68) 松岡長一郎・岡村喜明・田村幹夫　一九九一　滋賀県産の脊椎動物化石　滋賀県自然誌　五四三—六二五頁
(69) 松岡廣繁　二〇〇一　鮮新統津房川層産鳥類化石群にみる、大分県安心院盆地の湖沼性古鳥類相　琵琶湖博物館研究調査報告　一八：一一〇—一二五頁
(70) Lisiecki LE & Raymo ME (2007) Plio-Pleistocene climate evolution: trends and transitions in glacial cycle dynamics. Quat Sci Rev 26: 56–69.
(71) 古川雅英・藤谷卓陽　二〇一四　琉球弧に関する更新世古地理図の比較検討　琉球大学理学部紀要　九八：一—八頁
(72) Del Hoyo J., Elliot A. and Sargatal J. (1992) Handbook of the birds of the world. Barcelona, Lynx edicions.
(73) Elliot D. (1869) New and Heretofore Unfigured Species of the Birds of North America. New York.
(74) Watanabe J & Matsuoka H (2015) Flightless diving duck (Aves, Anatidae) from the Pleistocene of Shiriya, Northeast Japan. J Vertebr Paleontol 35 (6) : e994745˙
(75) Watanabe J, Matsuoka H & Hasegawa Y (2016) Two species of *Uria* (Aves: Alcidae) from the Pleistocene of Shiriya, northeast Japan, with description and body mass estimation of a new species. Bull Gunma Mus Natu Hist (20) : 59–72.
(76) Watanabe J, Matsuoka H & Hasegawa Y (2018) Pleistocene seabirds from Shiriya, northeast Japan: systematics and oceanographic context. Historical Biology, 32: 671–729.
(77) 長谷川善和・冨田幸光・甲能直樹・小野慶一・野苅家宏・上野輝彌　一九八八　下北半島尻屋地域の更新世脊椎動物群集　国立科学博物館専報　二一：一七—三六頁
(78) Watanabe J, Matsuoka H & Hasegawa Y (2018) Pleistocene fossils from Japan show the recently extinct spectacled cormorant (*Phalacrocorax perspicillatus*) was a relict. Auk 135: 895–907.

(79) Watanabe J, Matsuoka H & Hasegawa Y (2018) Pleistocene non-passeriform landbirds from Shiriya, northeast Japan. Acta Palaeontol Pol 63: 469–491.
(80) Takayasu T (1980) Toyokawa oilfield and a Nauman's elephant from Tsukinoki. Bull Mineral Industry Mus, Akita, Akita Univ. 3: 15-18.
(81) 小野慶一　一九八〇　野尻湖層の鳥類化石　地質学論集　一九：一六一―一六六頁
(82) 小野慶一・三島弘幸・真野勝友・黒川彰・衣川友康　一九八四　千葉県印旛郡の後期更新世アビ科鳥類化石の産出について　国立科学博物館研報　一〇（三）：一二三―一二九頁
(83) Watanabe J, Koizumi A, Nakagawa R, Takahashi K, Tanaka T & Matsuoka H (2020) Seabirds (Aves) from the Pleistocene Kazusa and Shimosa groups, central Japan. J Vertebr Paleontol 39 (5) : e1697277.
(84) Kobayashi S (1971) Fossil bird from the Aogashima Island. GeoL News Letter 208: 6-9.
(85) 高橋啓一・野苅家宏　一九八〇　藤沢市天岳院下より産出した脊椎動物化石（予報）　地質学雑誌　八六（七）：四五五―四五九頁
(86) 長谷川善和　一九六四　岩水寺層とその動物相について　横浜国立大学理科紀要　一一：七一―七八頁
(87) 高井冬二　一九六二　只木層の脊椎動物化石　人類学雑誌　七〇：三六―四〇頁
(88) 富田進　一九七九　静岡県谷下の石灰岩裂か堆積物と脊椎動物化石について　瑞浪市化石博物館研報　五（五）：一一三―一四一頁
(89) 野嶋宏二　二〇〇二　更新世谷下石灰岩裂罅堆積物（静岡県引佐町）の脊椎動物化石　静岡大学地球科学研報　二九：一―一一頁
(90) 野苅家宏・小野慶一　一九八〇　帝釈観音堂洞窟遺跡土器伴出層準出土の両生類・鳥類遺骸　広島大学文学部 帝釈峡遺跡群発掘調査室年報　Ⅲ：七五―八四頁
(91) 長谷川善和・高菜祐司・松岡廣繁・金子之史・野刈家宏・木村敏之・茂木誠　二〇一五　愛媛県大洲市肱川町のカラ岩谷敷水層産後期更新世の脊椎動物遺骸群集　群馬県立自然史博物館研報　一九：一七―三八頁
(92) Matsuoka H (2000) The Late Pleistocene fossil birds of the central and southern Ryukyu Islands, and their

zoogeographical implications for the recent avifauna of the archipelago. Tropics 10（1）：165-188.

(93) 小野慶一・大城逸朗・長谷川善和　一九八二　沖縄県久米島の下地原洞産ガンカモ化石　琉球列島の地質学研究　六：一〇三―一〇五頁

(94) Matsuoka H & Hasegawa Y (2018) Birds around the Minatogawa Man: the Late Pleistocene avian fossil assemblage of the Minatogawa Fissure, southern part of Okinawa Island, Central Ryukyu Islands, Japan. Bull Gumma Mus Natu Hist 22: 1-21.

(95) 長谷川善和　一九八〇　琉球列島の後期更新世～完新世の脊椎動物　第四紀研究　一八（四）：二六三―二六七頁

(96) Matsuoka H, Oshiro I, Yamaguchi T, Ono K & Hasegawa Y (2002) Seabird-wood pigeon paleoavifauna of the Kita-Daito Island: fossil assemblage from the cave deposit and its implication. Bull Gumma Mus Natu Hist 6: 1-14.

(97) 松岡廣繁・大城逸朗・山内正・山内平三郎・長谷川善和　二〇〇二　南大東島星野洞から採集されたアホウドリ化石群と同島における鳥類相の変遷　群馬県立自然史博物館研報　六：一五―二四頁

(98) 小野慶一・長谷川善和　一九八〇　ピンザアブ洞穴の鳥類化石（更新世：沖縄県宮古島）　沖縄県文化財調査報告書　六八：一一五―一三七頁

(99) Olson SL & Hasegawa Y (1979) Fossil counterparts of giant penguins from the North Pacific. Science 206 (4419)：688-689.

第2章　遺伝情報から俯瞰《ふかん》する日本産鳥類の歴史

青木大輔

アジア極東域の南北に長く連なった島によって形成される日本列島を舞台にした歴史は、様々な人の関心を惹きつけてきた。どのように日本列島が形成されたのか？　どのように日本列島人が生まれたのか？　日本語や文字はどのような発展を遂げてきたのか？　日本のルーツに惹かれる背景には、世界の多様性の中で日本の立ち位置を知りたいという関心が見え隠れしている。鳥類の場合では、日本にしか生息しない日本固有種という存在が興味の的となってきた。日本産鳥類の特徴について語られるとき、固有種の話は欠かせない。日本固有種とされてきたセグロセキレイが韓国やサハリンでも発見されていることを知ったとき、喪失感を覚えた人もいるのではないだろうか。

本章では現在日本に分布する鳥類のルーツについて掘り下げる。これらのほとんどは約五〇〇万年前よりも新しい年代に誕生した祖先に由来すると考えられている。前章で紹介された地質時代における新第三紀鮮新世から第四紀更新世に該当する。この間、地球は温暖な気候から徐々に寒冷化し、氷期と間氷期（氷期と次の氷期の間の比較的温暖な時期）を頻繁に繰り返す時代へ突入した。この大きな気候変動は日本列島の形や大陸および周辺島嶼《とうしょ》との地理的な関係に大きく影響した。日本産鳥類の祖先の多くはこのような背景の中、日本にやってきて独自の進化を遂げてきた。第2章が目的とするのは鮮新世から更新世の日本列島の鳥類相を復元することである。これは、いつの時代にどこの地域から日本の鳥類の祖先がやってきたかを理解することに他ならない。

第1章で紹介したように、化石の情報は過去に生息していた鳥類の理解に有効である。しかし、過去の歴史を知りたいと考える種の祖先の化石が、その分布域から万遍なくみつかるとは考えにくい。骨が化石となって堆積する環境は限られており、長い地球の歴史上に登場した個体のうちごくわずかしか化石として残っていないためである。一方、ここ三〇年の短い間で遺伝情報の解析（遺伝解析）技術が発展し、現生生物の歴史を遡ることを可能にした。遺伝解析からは化石のようにすでに絶滅してしまった生物に関する情報は得られない。その代わり、現生生物の祖先がどこからどのように日本にやってきて、現在日本に分布する種へと進化を遂げたのかを明らかにしてきた。

本章では、まず遺伝解析技術を用いて現在の生物のルーツを探る系統地理学の考え方とその手法を紹介する。日本では、系統地理学による陸生動物相の成り立ちや移動経路の推定は哺乳類で先行して研究が進んできた。実は日本産鳥類の遺伝解析は発展途上であり、網羅的な系統地理学的解析から、日本産鳥類のルーツを明示した研究はこれまでにない。そこで、日本産哺乳類のルーツに関する研究や仮説を紹介した後、現在蓄積中である日本産鳥類の遺伝解析の研究例をまとめ、鳥類と哺乳類の比較を試みる。鳥類のルーツが哺乳類と類似・相違する点を明らかにし、日本産鳥類のルーツを考察することができるだろう。本章の最後では、このアプローチを通して明らかになった日本産鳥類のルーツ解明における将来的な課題を提示する。そして、課題解決に必要な研究視点や手法をまとめ、今後の展望を示したい。

1　遺伝解析から生物のルーツを探る系統地理学

1－1　遺伝情報から過去を遡る

遺伝解析は、過去を遡ることができるという点で有力なルーツ探しの手法である。遺伝情報は生物の形や行動などを組み立てるための設計図である。生物の設計図は過去とどのように関係しているだろう？　これを知るには遺伝情報が時間とともに変化していく過程を理解する必要があり、伝言ゲームに例えるとわかりやすい。伝言ゲームでは人が列になり、列の先頭から元となるメッセージを次の人へ耳打ちして伝えていく。人づてに伝えられるごとにメッセージには少しずつ間違いが蓄積されるため、列の最後の人に伝えられたメッセージは元のメッセージと大きく異なることもしばしばである。また、二列の先頭にそれぞれ同じメッセージを与えると、それぞれの列では違う間違いが蓄積されていく。そのため、二列の最後ではまったく異なるメッセージとなることもある。

日本語の伝言ゲームでは五〇音がメッセージを構成するように、遺伝情報はＤＮＡ（デオキシリボ核酸）の四つの文字（塩基）から構成されている。アデニン（A）、チミン（T）、シトシン（C）、グアニン（G）の四種の塩基が多数連なったものが遺伝情報である。この配列（塩基配列）が親から子へ遺伝するが、ごく稀に、伝言ゲームのように塩基配列に間違い（変異）が生じ、子に引き継がれることがある。例えば、親が持つ配列は「ATCACG」であったのに、「ATCGCG」という配列が間違って子に伝わってしまうことがありうる。何万世代という時を経る間に、祖先の元の配列から少しずつ塩基配列が変わっていく。塩基配列における変異の生じ方には一定のパターンがある。そのため変異の生じ方を「逆算」して祖先まで遡ることができる。また変異の生じる頻度は時間に対して一定であるといわれ、ある塩基配列を持った祖先から経過した時間も推定できる。例えば鳥のミトコンドリアDNAのチトクロームbという領域では、各系統で一〇〇万年の間に約一パーセントの変異が蓄積するとされている[1]。これらの遺伝情報の特性を活かして、生物の過去を遡る取り組みがなされてきた。

1―2　系統地理学の考え方

本章では鳥類のルーツを系統地理学という学問から考える。系統地理学では、遺伝的な系譜（系統）がどのように分かれてきたかを地理情報と照らし合わせて調べる[2]。コマドリのルーツをコマドリとその近縁種の系統地理学的研究[3,4]から追ってみよう（図2―1、口絵❶）。コマドリは九州から北海道、サハリン南部、南千島、そして伊豆諸島に分布する。東アジアの中でも特に日本で馴染み深い種であり、その声の美しさから日本三鳴鳥の一つとして知られている。コマドリの歴史は四〇〇万年前よりも前に、

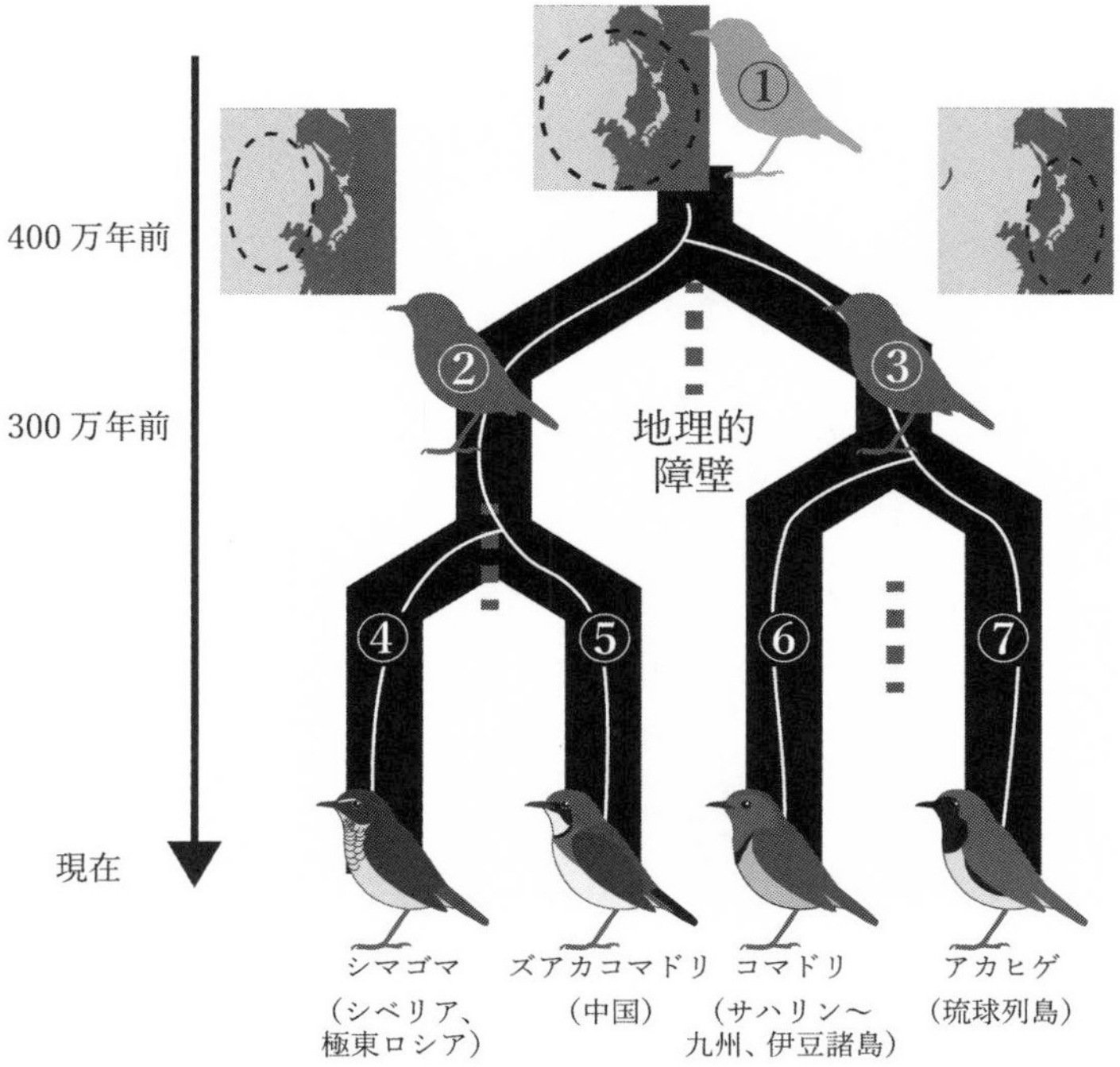

図２−１　コマドリとその近縁種の遺伝的分化が生じた過程の模式図
黒帯は集団の分化、白線はある遺伝子の系統樹を示す。①〜⑦は各時代に存在していた祖先集団を表わす。灰色の点線は地理的障壁が生じたことを示している。地図中の点線で囲った地域は祖先集団が分布していた可能性のある地域を示している。

東アジアのどこかに分布していた祖先集団①まで遡る。この集団は、およそ四〇〇万年前にまず二つの異なる集団に分かれた。片方は東アジアの大陸域（祖先集団②）、もう一方は日本列島（祖先集団③）に分布していたと思われる。これらの祖先集団は再びそれぞれ二つの異なる集団に枝分かれし、④〜⑦の祖先集団を形成した。その後これらはコマドリ、琉球列島のアカヒゲ、シベリア・極東ロシアのシマゴマ、中国のズアカコマドリに進化してきた。集団の歴史の流れ（系統関係、図2－1の黒帯）は、遺伝子の流れ（白線）によって推定される。

このような系統の流れは、集団という互いに交配する個体の集まりの分布の変遷によって説明できる。集団と集団が別々の地域にすみ、二つの間に地理的障壁が生じることで集団が分かれる。具体的には、海が集団を二つに分断したり、祖先集団のうち一部が偶然海を越えて島に移住したりすることで、地理的障壁が生じる。地理的障壁は二集団の間で、個体の行き来を大きく制限するため、二集団の構成員が互いに入り交じって繁殖する機会（遺伝的交流）が制限される。遺伝的交流が少ない中では、二列での伝言ゲームのように、二集団で別々の変異が祖先的な塩基配列に蓄積していく。この結果、元は同じ遺伝情報を持つ一つの祖先集団であっても、複数の集団に分かれることで、それぞれが遺伝的に異なる集団になることがある。これを遺伝的分化という。十分な変異が二集団間で蓄積されれば、地理的障壁が取り除かれたとしても（例えば島と大陸がつながる）、二集団は異なる〝設計図を持つ〟ため遺伝的交流ができなくなる（生殖隔離）。現存する生物の塩基配列を互いに比較することで、系統の流れや遺伝的分化からの時間（分岐年代）を推定できるのである。

一方、そもそも集団の間の遺伝的交流が制限されていない状況では地域集団の間で遺伝情報の違いは生まれない。また、生殖隔離が完了する前に地理的障壁が取り除かれてしまうと、遺伝情報の違いはなくなってしまう。日本のツバメ[5]やシジュウカラ[6]では、ユーラシア大陸と日本列島の間で遺伝情報にほとんど違いがない。つまり、大陸の集団から列島集団が遺伝的に分化していない。これは、大陸と日本の間で現在も遺伝的交流があるか、最近（本章では数万年前を指す）まで遺伝的交流をしていたことを示す。このように系統地理学は、遺伝情報（分子）と地理的な分布の関連を研究し、コマドリの例に見たような生物進化の歴史のシナリオを提唱する学問である。

日本列島が主な分布域であるコマドリやアカヒゲのような種の存在は、日本という土地の歴史が、独自の系統を生むための何らかのメカニズムを持っていたことを示唆する。どのように他地域とは違う系統が日本に生まれ、なぜ現在のような分布になったのだろうか？　一方、他地域と分化していない種の存在は、何らかの形で遺伝的交流が日本以外の集団と行われている、もしくは最近まで行われていたことを示唆する。一部の鳥で遺伝的交流が頻繁に行われたのはなぜだろうか？　本章では、このような疑問を中心に日本で繁殖する陸生鳥類のルーツに迫る。

2　日本列島における系統地理学

系統地理学を理解するための一つのエピソードを紹介しよう。私は鳥類調査の一環で長野県を訪れ現地の人々と触れ合った際、興味深い体験をした。長野県中部（中信地方）では私には聞きなれない方言が話されており、「これが長野県の方言か」と納得し、山を越え、長野県南部（南信地方）にやってきた。そこで私はハッとした。中信とは違い、南信では（私が幼少期に慣れ親しんだ）三河弁に似た方言が人々の間で話されていたのである。この方言の分布は、南信地方が天竜川を介して東海地方との結びつきが強かったこと、天竜川よりも北ではこの結びつきが弱かったことに関連しているのだろう。現在でもＪＲの飯田線は三河と南信を天竜川に沿って結んでいる。

系統地理学もこれと同じで、種や亜種などのグループの地理的な分布から過去の地理的な結びつきの強度を把握することがカギとなる。哺乳類などの陸生動物の分布をよく見てみると、複数の種に共通したパターンが見えてくる。例えば、本州・四国・九州には共通の日本に固有な系統が分布していることが多いが、北海道はサハリンやユーラシア大陸と共通の種が多く分布している。この分布の境界になる地理的構造物は、北海道と本州を隔てる津軽海峡（ブラキストン線）、朝鮮半島と本州を隔てる対馬海峡という二つの深い海峡である。一方、同じ系統がまたがって分布している本州・四国・九州間の海峡や、北海道とサハリン間の宗谷海峡、サハリンとユーラシア大陸の間の間宮海峡は比較的浅い。

この系統の分布は、海峡の特徴から考察することができる。鮮新世から更新世は氷期と間氷期を交互に繰り返していた。寒冷化した時代には多くの水が氷床となって陸上に留まっていたため海水面が低下し、浅瀬は陸地となって干上がっていた。これまで海によって隔てられていた陸地同士はこの干上がった浅瀬（これを陸橋という）を介して陸続きになった。間氷期となり温暖化のために海水面が再び上昇すると陸橋は消え、海峡が再び形成された[7]。海面の変化の具合は各氷期・間氷期によって大きく異なっていたため、時代によって複雑に地形が変化したといわれている。浅い海峡は最近まで頻繁にかつ長時間陸橋を形成したため地理的障壁として機能しにくかった。一方、深い海峡は陸橋が形成された期間が短く、古い時代の氷期に限られていたため、陸橋が形成されたときのみ動物が島・大陸間を移動し、長期間にわたって地理的障壁として機能した。対馬海峡は水深約一二〇メートルと深く、一方で宗谷海峡は水深五〇メートルほどと浅い。そのため、北海道は頻繁に長期間サハリン・ユーラシア大陸と接続していたが、本州・四国・九州は長期間朝鮮半島から隔離された状態になっていたと考えられている。津軽海峡も水深一二〇メートルほどあり、北海道と本州の間に陸橋が形成され動物が行き来することは稀だったとされている。このことから、日本列島に渡ってきた動物のルーツは、北海道では極東ロシア・サハリンから、本州・四国・九州では朝鮮半島からの二つあり、後者は大陸の集団から遺伝的に分化したものが多いが、前者では少なかった、というシナリオが提唱されてきた[8]。

このシナリオは日本産哺乳類複数種を用いた系統地理学的研究で実証された[9]。もし、このシナリオが正しければ、北海道と本州・四国・九州それぞれの系統が大陸に生息する系統から分岐した年代では、後者の方が古いと予測できる。ミトコンドリアDNAのチトクロームb領域を用いて、日本列島に生息する哺乳類（列島系統）とユーラシア大陸の極東域（韓国、ロシア、中国）に生息する同一種あるいは近縁種（大陸系統）の系統樹を複数グループで作成し、列島系統と大陸系統の分岐年代を推定した。推定される分岐年代は誤差を伴う。そのため、階層近似ベイズ計算（Hierarchical Approximate

Bayesian Computation）という統計手法を用いて、複数グループにわたる分岐年代の推定値を集約し、列島系統の哺乳類が大陸系統から分岐した年代を算出した。その結果、本州・四国・九州に分布する列島系統の多くが、約一二〇〇万、二四〇〇万、三五〇〇万、あるいは四〇〇〇万年前に大陸系統から分岐したと推定された。また、約六〇〇〇万年前と約九〇〇〇万年前に大陸・列島間で遺伝的に分化した系統も一例ずつ見られた。一方、北海道に生息する列島系統の分岐年代のほとんどはこれらよりも若く、約一三六万年前から四万八〇〇〇年前の間の五つの年代に集約された。つまり、これまで重要視されていた地理的障壁が実際に日本の哺乳類の遺伝的分化に重要だったことが科学的に示されたといえる。

このように、日本列島の哺乳類のルーツを考える際には、一部の海峡を地理的障壁と捉え、ユーラシア大陸東部と日本列島の間の移住、遺伝的分化、遺伝的交流を検討するのが主流となっている。哺乳類のように統計的に複数の分岐年代を考察した研究は他にないが、昆虫[10]や爬虫類[11]でも同様に海峡の形成や陸続きだった歴史に注目し、日本産陸生動物のルーツが考察されてきた。

3　日本列島における鳥類の系統地理学

日本の鳥類の系統地理学は、哺乳類と比べて未だ発展途上であり、研究例が蓄積しつつある段階にある。これまでは、上述の地理的障壁を考慮した哺乳類などのシナリオを前提に、鳥類の種や亜種の分布の成り立ちが考察されてきた[12,13]。しかし鳥類の魅力といえば何といってもその飛翔力にある。ほとんどの陸生鳥類は、哺乳類では地理的障壁として機能した海でも飛び越えることができたのではないか？　もっと鳥類に則したシナリオを検討する必要があるだろう。

そこで本節では、これまでの遺伝解析を含む研究を、哺乳類の場合と網羅的に比較することで鳥類のルーツについて探る。まず、現在日本列島で記録されている陸生鳥類一八六種のうち、日本産鳥類を含む分子系統学・系統地理学的研究が行われている種を探索した。大陸との共通種にもかかわらず日本のサンプルがわずかしか含まれていない研究は、遺伝的分化のある・なしを判断できない場合があるため対象から除いた。各文献情報から遺伝構造および分岐年代を調べ、次のように大別した。少なくとも本州に分布する列島系統で、その近縁種・近縁集団がユーラシア大陸に分布しており、両者の分岐年代が

A）一二〇〇万年前（哺乳類の本州以南の列島系統と大陸系統の分岐年代の下限）より古い場合

B）一〇〇万年前よりも新しい場合

さらに、

C）近縁種・近縁集団がユーラシア大陸に分布しない場合

の三つに分けた。Aは、日本と大陸間で遺伝的分化が起こるための地理的プロセスが哺乳類と鳥類で類似している可能性を示唆する。これらの列島系統の分布を哺乳類と比較すれば、飛翔力の高い鳥類にとって、地理的障壁がどのように機能したかを推測できる。一方、Bのように分岐年代が類似しない場合、

そもそも日本列島と大陸の間で遺伝的分化が起こるきっかけが、哺乳類と違った可能性が示唆される。飛ぶことのできる鳥特有の分化のきっかけがわかるかもしれない。また、Cはユーラシア大陸から日本へやってきたという前提すら異なる場合が考えられる。

3−1 哺乳類と類似した分岐年代を持つ鳥類

哺乳類では本州以南に生息する列島系統が大陸系統の哺乳類集団と分岐したのはおよそ一二〇万年前よりも古い年代であった。鳥類においても、少なくとも本州を含む日本列島に分布する列島系統とそのユーラシア大陸東部の近縁な大陸系統が一二〇万年前より古い年代に分岐した鳥種や種群を表にまとめた（表2−1）。日本列島の他に、サハリン、千島列島、カムチャツカ半島を分布域の一部として含むものも列島系統として扱った。本来は、分岐年代は誤差を含み、計算方法が異なると正確な比較はできないため、分岐年代の数値は参考程度であることに注意されたい。さらに、各列島系統に見られる分布も同じ表にまとめた。

まず、鳥類の本州に生息する列島系統と大陸系統の間でも類似した分岐年代のまとまりが見られた。具体的には一二〇万〜一六〇万年前、二四〇万〜二九〇万年前、三八〇万〜三九〇万年前、四三〇万〜四五〇万年前、そしてそれ以前に大別することができた。興味深いことに、鳥類の方がやや古い年代を示す傾向はあったが、哺乳類の大陸系統と列島系統で見られる分岐年代が約一二〇万、二四〇万、三五〇万、四〇〇万年前、そしてそれ以前に分けられたのと非常に似ている。つまり、哺乳類と類似した遺

表2－1　少なくとも本州に生息する列島系統とその近縁な大陸系統間での分岐年代が120万年よりも前に推定された種（群）と、その列島系統の地理的分布
分岐年代が種・種群間でまとまって観察されたため、まとまりを破線で区切った。

分岐年代［万年前］	種・種群間	列島系統の分布	引用
700	ヤマドリ	本州・四国・九州	(14)
620 †	アオゲラ	本州・四国・九州	(15)
450	ノジコ	本州	(16)
430	キジ	本州・四国・九州	(17)
390	コマドリ・アカヒゲ	サハリン・千島列島・北海道・本州・四国・九州・琉球列島	(3)
380*	亜種キビタキ・亜種リュウキュウキビタキ	沿海州沿岸・サハリン・千島列島・本州・四国・九州・琉球列島	(18)
290 †	カヤクグリ	サハリン・千島列島・北海道・本州・四国	(19)
270*	ヒバリ	サハリン・北海道・本州 **	(20)
250	メボソムシクイ	本州・四国・九州	(21)
250	クロジ	カムチャツカ・サハリン・千島列島・北海道・本州	(16)
240	カケス	本州・四国・九州	(22)
160*	フクロウ	本州 **	(20)
160*	ウグイス	本州・琉球列島・伊豆諸島・小笠原諸島 **	(20)
160	アオジ	サハリン・千島列島・北海道・本州	(16)
150 †	エゾムシクイ	サハリン・南千島・北海道・本州	(23)
150*	サメビタキ	サハリン・本州 **	(20)
140 †	コムクドリ	沿海州沿岸部・サハリン・千島・北海道・本州	(24)
120*	ヤブサメ	サハリン・北海道・本州 **	(20)

† 分岐年代を筆者が系統樹から読み取ったもの。
* 分岐年代を分子時計によって筆者が計算したもの。COIについては1.8%/divergence /Mya (25)、Cytbについては2.1%/divergence/Mya (1) から算出。
** 遺伝的分化が種や亜種の分布と対応していない場合もしくは特に言及がない場合は原著の記載に従った。その他の場合、分布は文献26、27および28を参照した。

伝的分化を生じさせるプロセスが鳥類にも生じていた可能性がある。一方、分布域は、哺乳類と同様の分布域を持つ種・種群もいれば、そうでないものもいた。キジやカケス、ヤマドリ、メボソムシクイ、アオゲラは本州・四国・九州のみに列島系統が見られる点で哺乳類と類似していた。コマドリ・アカヒゲや亜種キビタキ・亜種リュウキュウキビタキの種・亜種群は琉球列島からサハリンにかけて、アオジやヤブサメは本州北部からサハリンや千島列島にかけて分布するなど、本州を含む点以外は実に様々な分布が見られた。つまり、大陸系統との遺伝的分化が起こった後、哺乳類とは違うプロセスにより、日本列島やその周辺地域の中で分布が変化した可能性がある。

列島・大陸系統の遺伝的分化と、その後の分布の変遷は鳥類においてどのように起こったのだろうか？　筆者のカケスを用いた研究を紹介しよう。[22]　筆者は日本海を囲む日本列島、朝鮮半島、極東ロシア、サハリンを含む地域（環日本海地域）に生息するカケスの系統地理学的研究を行った。カケスは陸地の移動はお手の物だが、海を飛び越えることを避ける習性がある。そのため、カケスに見られる日本列島・大陸間の遺伝的分化プロセスとその後の分布の変遷は、「もし鳥類が地理的障壁を越えなかったらどのような分布になるか」を示してくれる。逆にいえば、カケスで見られる分布変遷のプロセスに、海を越える能力が加わった時、現在の日本列島に固有な種・集団の分布パターンになり得るかを問うことができる。筆者はミトコンドリアDNAの約一七〇〇塩基を用いて環日本海地域のカケスと、その他のユーラシア大陸のカケスの系統樹を作成した（図2－2、口絵❷）。その結果、本州から九州に分布する亜種カケスの祖先（列島系統）がユーラシア大陸のカケスの共通祖先（大陸系統）からおよそ二四〇

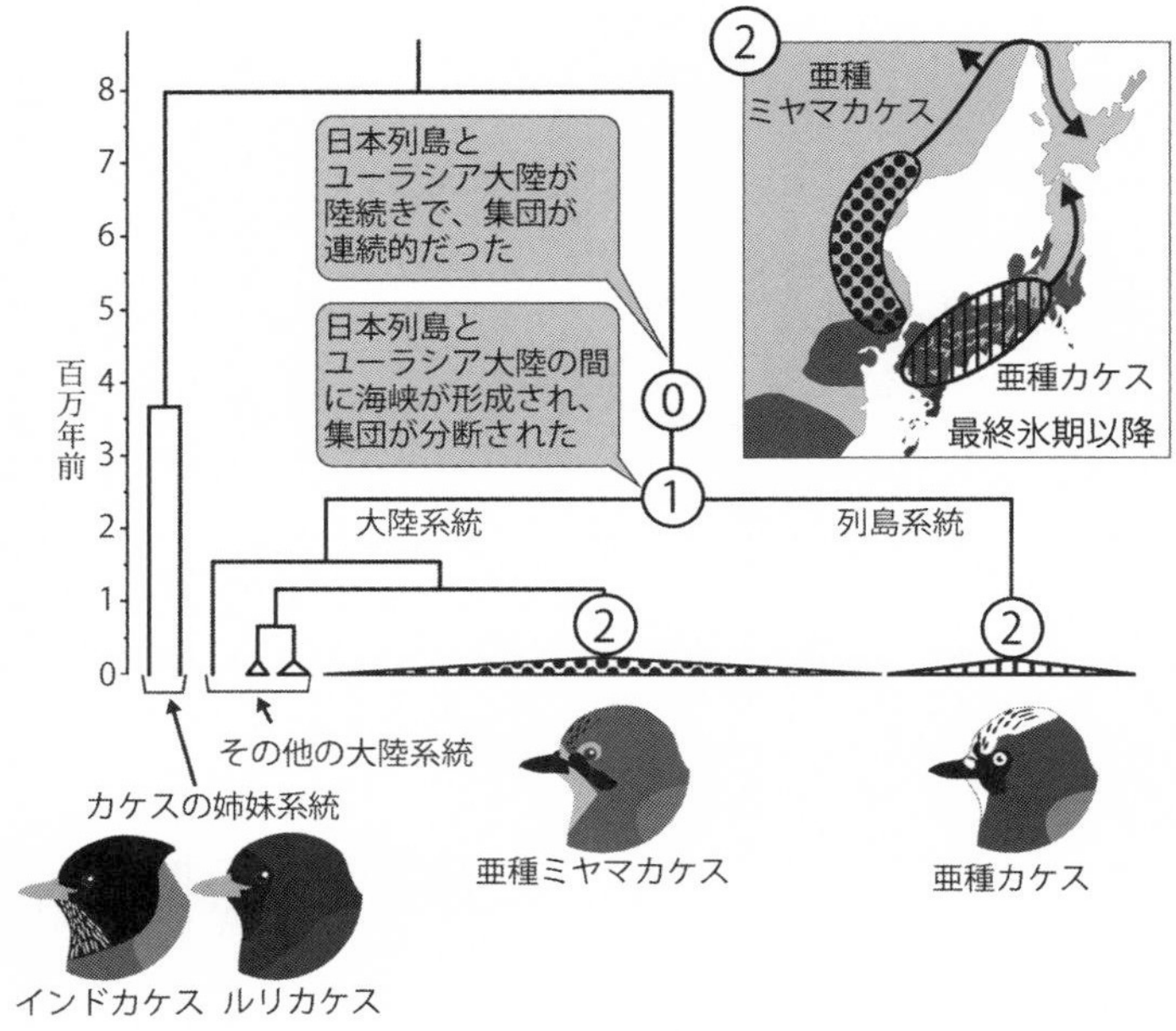

図2-2　ミトコンドリアDNAによって推定されたカケスの系統樹と、最終氷期以後の分布の変遷の模式図（系統樹は文献22を改変）
②の地図は最終氷期の海岸線を示し、濃い灰色で示された地域は最終氷期にドングリを作るコナラ属が分布していた可能性のある地域を示す。最終氷期中のカケス2亜種の分布（黒枠、模様は系統樹と対応）は最終氷期以降の温暖化とともに矢印の方向に移動したと考えられる。

万年前に分化したことがわかった。二四〇万年前は、ユーラシア大陸が日本列島の西部（現在の九州あたり）と陸橋によってつながった状態（図2－2⓪）から、海によって隔てられた時代（図2－2①）である。これがきっかけとなり、大陸から日本列島にかけて連続的に分布していたカケスの共通祖先が二つに分断され、二系統に遺伝的分化したと考えられる。

列島系統である亜種カケスは、ずっと現在のように九州から本州北部にかけて広く分布していたわけではなさそうである。遺伝子を用いて過去の個体数の変化（集団動態）も調べた。その結果、[22]亜種カケスは最終氷期の間は個体数が少なく、最終氷期以降に増加した可能性が示唆された。亜種カケスの主要な餌であるドングリの氷期中の分布から、亜種カケスは分布を本州・四国・九州の中でも南部に縮小させていたと推測された。つまり現在九州から東北まで広く分布するのは、最終氷期以降個体数を増やし、分布が北上したためと考えられる（図2－2②）。一方、環日本海地域の大陸側で存続していた大陸系統の一派である亜種ミヤマカケスは氷期の間には韓国から沿海州に分布し、間氷期にシベリア、サハリン、北海道と千島列島に分布を広げたことが推察された。サハリン・北海道は亜種ミヤマカケスが分布を北上させた時期にも陸橋によって大陸とつながっていた。亜種カケスの方が北上経路は短いため、先に津軽海峡までたどり着いていたかもしれない。しかし、津軽海峡には陸橋が形成されていなかったため、亜種カケスが北海道に進出することはなく、代わりに亜種ミヤマカケスが北海道へ進出することができたのかもしれない（図2－2②）。

カケスのように海を越えた移動が極度に制限された鳥類は表2－1の中でもキジやヤマドリくらいで

あろう。つまり、カケスと似た最終氷期以降の分布域の変化が、海を越えた移動が制限されない鳥類で生じた場合、列島系統が先に北海道、さらにはサハリンや千島列島まで到達していたかもしれない。実際に、哺乳類と類似した分岐年代を持つ鳥類の列島系統が北海道やサハリン、千島列島、さらにはカムチャツカ半島に至る地域まで分布している例は多い（表2－1）。このような分布は、最終氷期の間、温暖な南方地域にのみ分布していた集団が、最終氷期以降の温暖化に伴って海峡を越えて分布を拡大したことによって説明できる可能性がある。なお、ミトコンドリアDNAの一部からは最終氷期以降の集団動態の変化しか推察できないものの、それよりも以前の氷期・間氷期のサイクルでも同様な分布域の縮小と分布域の拡大が繰り返されていた可能性がある。

一二〇万年前よりも前、つまり鮮新世から更新世前期に生じた大陸からの列島集団の遺伝的分化は、哺乳類と同様に、日本産鳥類のルーツの一つとして重要であることがわかった。つまり、少なくとも表2－1に示した鳥類の祖先は、鮮新世から更新世前期というはるか昔に陸橋を渡って日本へやってきた後、海峡の形成によって列島集団が大陸から隔離されたことで、日本列島で独自に進化してきたと考えることができる。一方、本州・四国・九州を舞台にして進化した鳥類の多くは、その飛翔力を活かし、北海道のみならずサハリン、千島列島、カムチャツカ半島など日本列島の北に位置する地域まで分布を拡大した可能性が示唆された。日本列島の鳥類のルーツを考える際、日本という政治的区分にだけ生息する「日本固有種」がよく注目されてきた（例えば文献29）。しかし、日本以外にも生息する種や、現在は日本に生息しない種でも、はるか昔日本が重要な進化の舞台になったような場合もあるかもしれない。今後はこういった系統の探索も当時の鳥相と進化を考えるうえで重要だろう。

3-2 哺乳類と類似しない日本列島・大陸間の分岐年代を持つ鳥類

鳥類における列島集団と大陸集団の間の分岐年代は、鮮新世から更新世前期だけに限らない。少なくとも本州に分布する列島系統と大陸系統の分岐年代が一〇〇万年前よりも新しく、二〇万年前よりも古いものと、列島・大陸の集団間で明瞭な遺伝的分化が見られなかったものを整理した（表2-2）。哺乳類では、一〇〇万年前以降の遺伝的分化は大陸と北海道の間のみで明らかになった[9]。一方、鳥類では本州以南にも分布する系統が複数見られた。鳥類で一〇〇万年前以降に遺伝的分化が生じた歴史のシナリオには、二つの可能性が考えられる。

一つは哺乳類と同様、大陸から北海道に移住し、二地域間で遺伝的分化が起こった可能性である。この仮説のもとでは本州にも分布している系統は、分布を北海道から本州以南に拡大させたことになる。ベニマシコのように本州のうち東北の一部でしか繁殖していない場合、この考え方は否定できない。しかし、アカハラ・アカコッコ種群、クマタカ、コサメビタキは本州以南に比較的広く分布し、近縁な祖先的系統が東南アジアや南アジア、もしくはアフリカに分布する。さらにアカハラとアカコッコの祖先は、東ユーラシアに広く連続的に分布していたことが統計解析から示唆された[30]。つまり、少なくともこれらの種では祖先が北海道やユーラシア大陸の北部に限定的に分布し、そこから本州以南に分布を広げたとは考えにくい。

表2－2　ユーラシア大陸と日本列島の集団間での分岐年代が100万年前よりも新しく20万年前よりも古い種（群）とその列島系統の分布、および列島・大陸集団間で遺伝的分化が認められなかった種

分岐年代 [万年前]	種または種群	列島系統の分布	引用
80*	ベニマシコ	サハリン・千島列島・北海道・本州 **	(20)
70	アカハラ・アカコッコ	サハリン・千島列島・北海道・本州・伊豆諸島	(30)
50*	クマタカ	北海道・本州（他不明）	(31)
50*	コサメビタキ	日本列島 **	(20)
分化が認められなかった	ミサゴ		(33)
	オオタカ		(34)
	イヌワシ		(35)
	シロチドリ		(36)
	ヤマシギ		(37)
	シジュウカラ		(6)
	ヒガラ		(38)
	コガラ		(39)
	ツバメ		(5)
	エナガ		(40)
	ミソサザイ		(41)
	ハクセキレイ		(32)

表内の記号は表2－1を参照。

もう一つの歴史のシナリオは、大陸からは九州や本州を通って日本列島へやってきたが、その移動が海を越えたルートであった可能性である。すでに論じたように、飛翔力に長けた鳥類は、時として海を越えて移動可能である。伊豆諸島や小笠原諸島はこれまで日本列島や大陸と一度も陸続きになったことのない絶海の孤島である。それにもかかわらずここには原生の植物、昆虫、鳥類などが生息する。これらの分類群に共通していえるのは、陸地伝い以外の移動方法を持つことである。鳥類では、アカコッコなどの固有種や、亜種タネコマドリや亜種オガサワラカワラヒワなどの固有亜種、そして日本列島との共通集団が分布している。これらの島が日本列島や他の大陸とつながったことがないということは、鳥が海を越えてこれらの地にやってきたことの証拠である。

これらの島々への移住方法と同じで、大陸から日本列島へ「飛んでやってくるためのルート」があってもおかしくない（図2－3）。例えば、これまで地理的障壁として捉えられていなかった地域が鳥においては地理的障壁として機能した可能性がありえる。氷期の海水面の低下時、陸橋の形成以外にも地理的な変化が生じた。例えば、氷期の間、中国の大陸棚は大きく干上がったため、日本と中国を隔てる海は狭くなったといわれている。陸橋が形成されなくとも日本と大陸の距離が短くなったような場所や時期には、大陸から日本へ移住できる可能性は高くなっただろう。再び間氷期に海が拡大すれば移住する個体は減少するため、広がった海が地理的障壁として機能し、隔離が生じることとなる。つまり、哺乳類では見られなかった地域や時代の遺伝的分化がありえる。一方、対馬海峡など、これまで知られている地理的障壁は距離として短いものが多く、陸橋形成の有無にかかわらず大陸・列島集団間で遺伝的

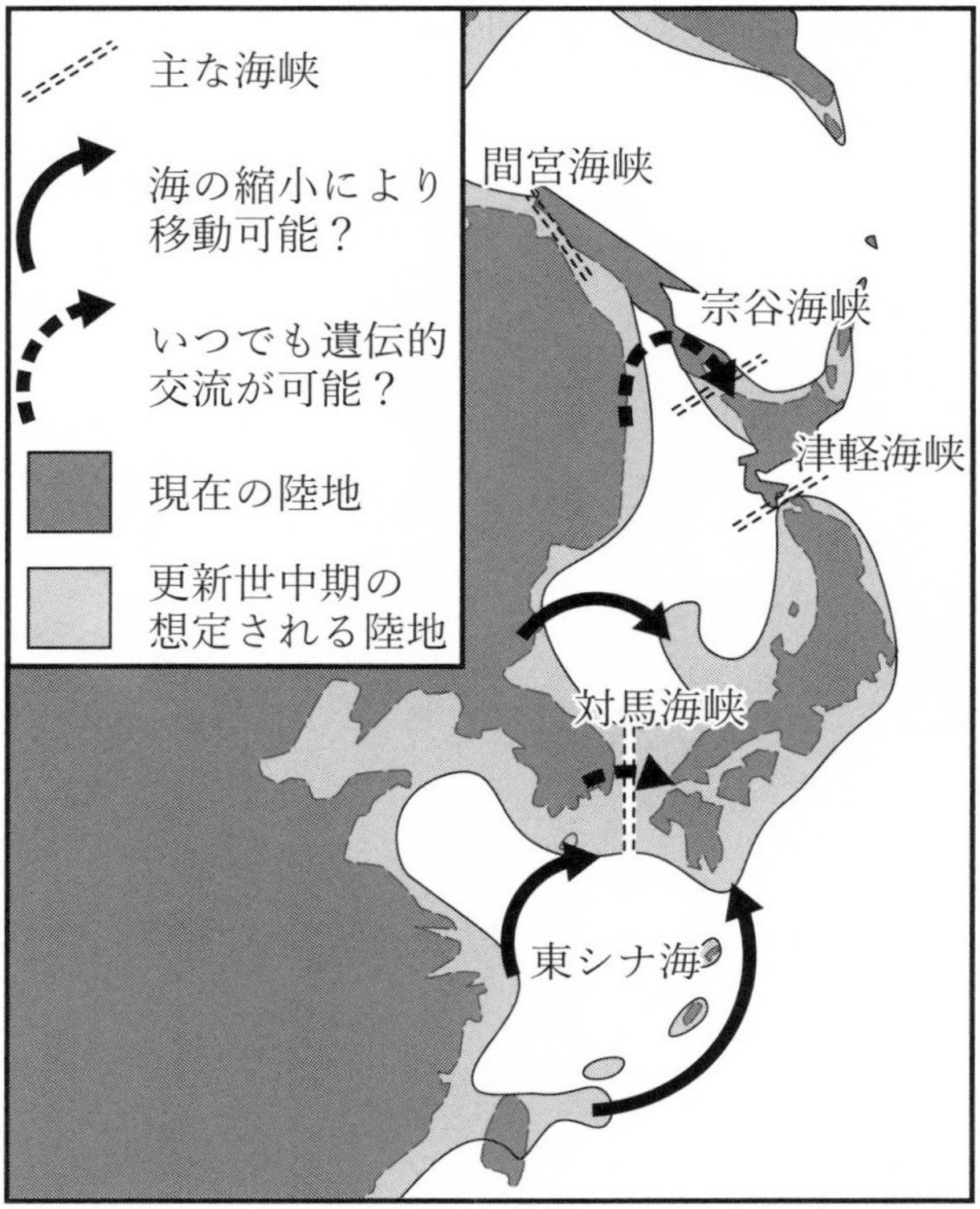

図２−３　およそ100万年前から40万年前（更新世中期）の氷期の東アジアの陸地と海峡の様子（文献42を参考に描画）
氷期中の海の縮小によって鳥類が海を越えて日本に移住できた可能性がある地域（矢印）や、陸橋形成の有無にかかわらず日本列島と大陸の間で遺伝的交流ができた可能性のある場所（点線矢印）を示した。

交流が可能だったかもしれない。表2－2にまとめられた列島・大陸集団間で遺伝的に分化していない種は狭い海を越えて日本にやってきた系統に該当するかもしれない。どの地域が日本列島への移住や遺伝的交流に貢献したかなど、これらのシナリオが十分に検証された研究例はない。また、このような海を越えた移住と分化が複数種で普遍的なものであるなら、一二〇万年前より古い年代にユーラシア大陸から列島へ移住した鳥類の移動経路も、哺乳類と同じく陸橋を介したものだったとは限らなくなる。

本事例から、鳥類では更新世中期以後も大陸から日本列島へ移住し、大陸集団から遺伝的分化を生じた系統や、現在もしくは近年まで遺伝的な交流が大陸集団との間に生じている系統がいることがわかった。哺乳類と違い鳥類では、比較的新しい時代に日本にやってきた種も多いようである。また、鳥類特有の飛翔力によって日本列島への移住が成し遂げられた可能性もあることがわかった。ここで得られる教訓は、鳥類がたとえ大陸と列島で分化していたとしても、日本列島へやってきたルートは必ずしも陸橋が形成された土地からとは限らないということである。人類はその昔空を飛ぶことはできなかったが、代わりに船を使って海を越えることができた。そのため各民族のルーツを語るときには、海を越えた移住が非常に重要である。日本列島人の歴史においてもこの移住方法は近年重要視されている（コラム1参照）。これと同様に鳥類でも陸地によって接続したことのない集団からの移住を考慮した科学的検証が望まれる。

3-3　近縁な系統がユーラシア大陸に分布していない鳥類

これまでは日本列島に分布する系統の〝姉妹〟が大陸に分布している場合のルーツについて話を進めてきた。しかし、必ずしもそういった分布をしていない系統も存在する。例えば、ヤマガラの亜種および近縁種は亜種ヤマガラを除きすべて島嶼に生息する。シロビタイガラはフィリピン、亜種タイワンヤマガラは台湾、亜種オリイヤマガラは八重山諸島、そして亜種オーストンヤマガラは伊豆諸島に生息している。これらの系統関係を調べた研究[43,44]を筆者が系統地理学的に解釈したところ、図2-4（口絵❸）の矢印のようになった。フィリピンから台湾、琉球列島、そして日本列島へと島伝いに移動していき、移動した集団が移動元の集団から遺伝的に分化していったと考えられる（ただし、この系統樹からは台湾からフィリピンへ移動した可能性も否定できないため、破線で示した）。このように庭園にある飛び石を歩くように島伝いに移住し、次々と分化していく様相は「飛び石状（stepping-stone）モデル」と呼ばれる。また、遺伝的に日本のヤマガラと変わらないヤマガラ集団が朝鮮半島にも分布する[44]。ヤマガラの祖先の推定される移動パターンから、日本列島から朝鮮半島に移住したと考えるのが妥当だろう。さらに、ヤマガラのようにメジロやヒヨドリもフィリピンに近縁な系統が分布し、日本列島から朝鮮半島に進出した可能性がある[12,37]。

本節ではすでに論じた海を越えた移動の可能性に加えて、島から島への移動によって日本列島に達した鳥類がいた可能性が明らかになった。また、これまで想定してきた移住経路とは反対の、日本列島から朝鮮半島への移住の可能性も示唆された。大陸は土地面積が広く多様な環境が広がるため、島に比べ

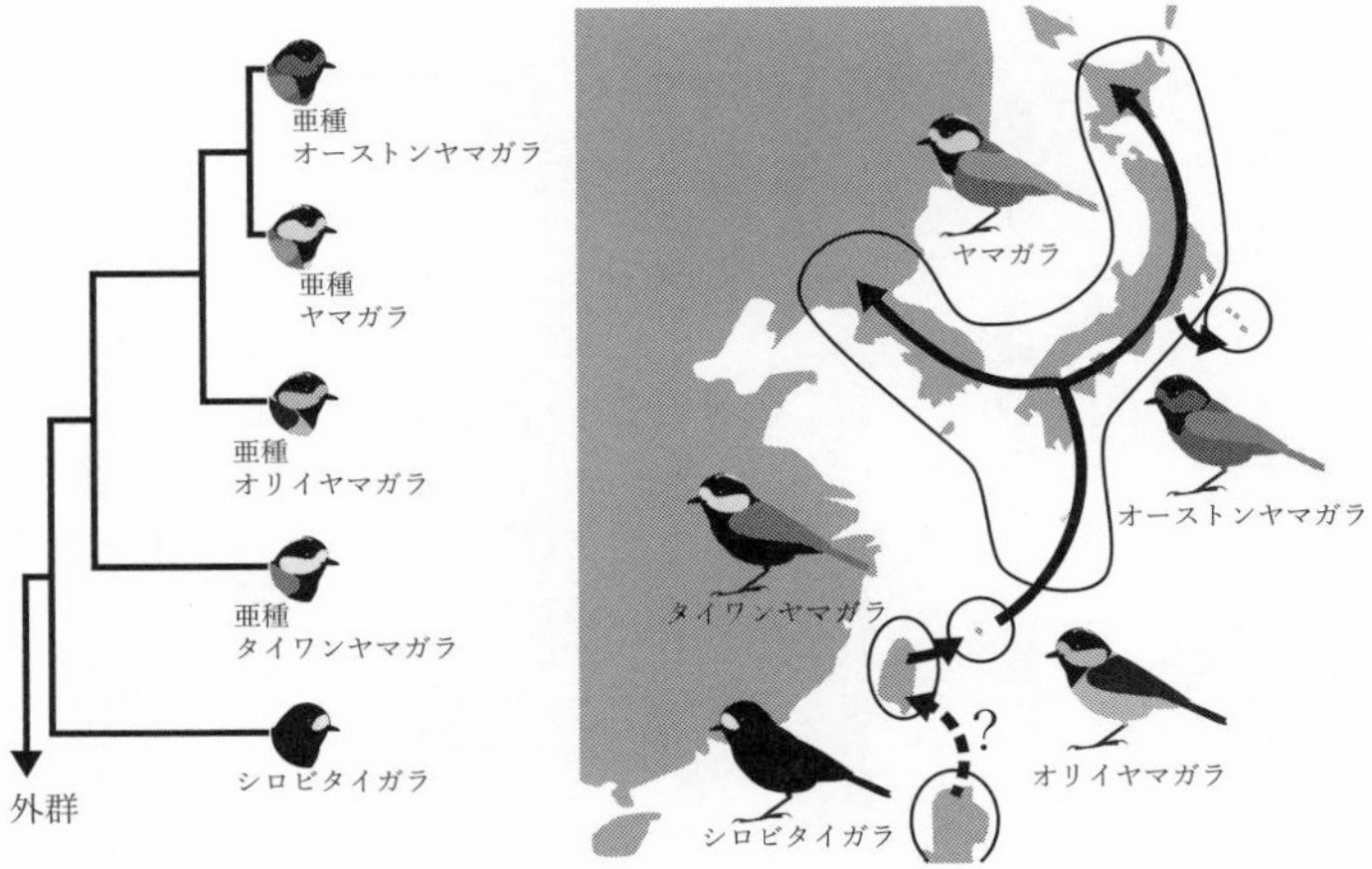

図２－４　ヤマガラの亜種と近縁種の系統関係（左）と島の飛び石状移住による遺伝的分化のシナリオ（右）（系統樹は文献43および44の研究から筆者が復元した）
黒い囲みは各種の分布域を、矢印は遺伝的分化が生じた島から島への移動を示している。破線は移動の向きが系統樹からはっきりしない場合を示している。

て高い生物多様性が期待される。そのため、これまでは大陸から島へ生物が移住するシナリオが重視されてきた。しかし近年ではより小さな島から大きな島、島から大陸への移動の可能性が盛んに論じられている[45,46]。ここから得られる教訓は、日本産鳥類のルーツを探る際は、移住の方向性を検討したうえで、遺伝的分化を理解しなければいけないということである。大陸から日本列島へ移住したことを前提として話を進めてきた列島系統の遺伝的分化シナリオも、日本列島から大陸へ移住したのち、遺伝的分化が起こった可能性も種によっては否定できないのである。

4　おわりに――日本産鳥類のルーツ探しの課題と展望

前節では、既存の日本産哺乳類のルーツと照らし合わせながら、遺伝解析をベースに日本産鳥類の祖先が日本にやってきた過程について考察した。三つのカテゴリーでの検証をもとに明らかになった日本産鳥類のルーツは次のとおりであった。

A）鮮新世から更新世前期にかけて、大陸と日本列島の間の地理的な隔離によって遺伝的分化が生じ、九州から本州、北海道、そしてサハリンやカムチャツカなどユーラシア大陸の東に位置する島や半島に分布するようになった系統

B）更新世の中期以降日本列島に移住し分化した系統や、ごく最近までもしくは現在も大陸集団と遺伝的な交流を行っていた（いる）系統

C）フィリピンや台湾などの島にルーツを持つ系統

鮮新世から更新世にかけての複数の時代に、現生鳥類の祖先たちは多様な地域から多様な方法で日本列島にやってきて、現在に至る鳥相を形成してきたことがわかった。もちろん第1章で紹介したような、子孫が生き残らず絶滅してしまった種が多数存在していたことも忘れてはならない。また、本章では琉

球列島を含む南西諸島や、伊豆諸島および小笠原諸島の鳥類について深く触れなかったが、これらの島々では飛翔による海を越えた移動や移住の方向性を考慮したシナリオを検討する必要があるだろう。

以上の日本産鳥類のルーツ検討において三つの重要な視点が得られた。第一に、現在の分布に惑わされず、日本列島を舞台にした系統の分化の形跡を捉えることである。現在大陸や国外に分布している種でも、鮮新世から更新世にかけて日本列島が舞台となってその系統が進化してきた可能性がある。このような種や系統を今後は科学的に把握する必要があるだろう。第二に、日本と大陸間の遺伝的分化のきっかけとなった日本への移住経路として、過去の陸橋だけでなく、海を越えたルートも考慮することである。海を越えたルートを明らかにするには、鳥類が日本列島と大陸の間を移動し、遺伝的な交流を促進しやすい地域や、そこで移動が生じやすい理由を明らかにする必要があるだろう。第三に、大陸から列島への移住だけでなく、島同士や島から大陸への移住など、移動の方向性に注目することである。この三つの視点が重要な理由に、日本およびその周辺地域が複雑な地史を持つこと、そして何よりも鳥類が海を飛べることが挙げられる。その複雑性は日本産鳥類のルーツを非常に興味深いものにしており、三つの視点は今後の研究をさらに発展させると期待される。

三つの新たな観点を調べるにはどのような研究が今後必要だろうか？　本章の考察の基盤になったのは、現在までに蓄積されてきたミトコンドリアＤＮＡ、もしくはごく一部の核遺伝子を使った系統地理・分子系統学的な研究がほとんどである。これらは生物を構成する遺伝情報のうちのほんのわずかであり、辿ることのできる生物のルーツはその一側面でしかない。本来は上述の課題のような複雑なルーツが背景には隠れている可能性があり、より多くの遺伝情報が必要である。二〇一〇年以降盛んに使われるようになった次世代シークエンサーは、一挙に大量の遺伝情報の取得・解析を可能にしてきた。日本ではこれを用いた鳥類の系統地理学的研究は出遅れているが、今後複雑な生物のルーツを探るために活躍すると期待される。実際に、日本人のルーツは次世代シークエンサーを用いた研究により新たな展開を迎えている（コラム1参照）。

次世代シークエンサーなど最先端技術によって開かれるかもしれない、日本の鳥類のルーツ探しについて展望してみよう。多量の遺伝情報を用いることで、紹介した筆者のカケスの研究よりも詳細な、集団動態を推定することができる。加えて、祖先の分布地域を統計学や地理情報システムを駆使して推定する技術も年々進歩している。これらは日本列島を舞台にした系統の分化解明に役立つだろう。多量の遺伝情報から、地域集団間の遺伝的交流を詳細に調べることができる。また遺伝的交流の方向性も明らかになるケースが多い。これによって海を越えた移住ルートの候補や、移住の方向性について日本でも明らかにできるかもしれない。さらに、これまで蓄積してきたミトコンドリアＤＮＡや一部の核遺伝子を一挙に活用することができる統計学的手法も確立されてきた。例えば哺乳類複数種の分岐年代を推定するために用いた階層近似ベイズ計算という手法も、多数種で蓄積されたデータを高次にまとめて理解するものの一つである。本章のような口語的なレビューでなく、より解析的にルーツについて調べることができるだろう。新しい視点と新しい手法の組み合わせによる今後の研究が、日本列島という独特な地史を持つ島を舞台にした鳥類のルーツを解明することに期待したい。

【参考文献】

(1) Weir JT & Schluter D (2008) Calibrating the avian molecular clock. Mol Ecol 17: 2321-2328.
(2) Avise JC (2000) Phylogeography: The History and Formation of Species. Harvard Univ. Press, Massachusetts.
(3) Seki S, Nishiumi I & Saitoh T (2012) Distribution of two distinctive mitochondrial DNA lineages of the Japanese Robin *Luscinia akahige* across its breeding range around the Japanese Islands. Zool Sci 29: 681-689.
(4) Zhao M, Alström P, Hu R, Zhao C, Hao Y, Lei F & Qu Y (2016) Phylogenetic relationships, song and distribution of the endangered Rufous-headed Robin *Larvivora ruficeps*. Ibis 159: 204-216.
(5) Scordato ES, Smith CCR, Semenov GA, Liu Y, Wilkins MR, Laing W, Rubtsov A, Sundev G, Koyama K, Turbek SP, Wunder MB, Stricker CA & Safran RJ (2020) Migratory divides coincide with reproductive barriers across replicated avian hybrid zones above the Tibetan Plateau. Ecol Lett 23: 231-241.
(6) Song G, Zhang R, Machado-Stredel F, Alström P, Johansson US, Irestedt M, Mays Jr. HL, McKay BD, Nishiumi I, Cheng Y, Qu Y, Ericson PGP, Fjeldså J, Peterson AT & Lei F (2020) Great journey of Great Tits (*Parus major* group): Origin, diversification and historical demographics of a broadly distributed bird lineage. J Biogeogr 47: 1585-1598.
(7) Gallagher SJ, Kitamura A, Iryu Y, Itaki T, Koizumi I & Hoiles PW (2015) The Pliocene to recent history of the Kuroshio and Tsushima Currents: a multi-proxy approach. Progr Earth Planet Sci 2, 17.
(8) Dobson M (1994) Patterns of distribution in Japanese land mammals. Mammal Rev 24: 91-111.
(9) McKay BD (2012) A new timeframe for the diversification of Japan's mammals. J Biogeogr 39: 1134-1143.
(10) Tojo K, Sekine K, Takenaka M, Isaka Y, Komaki S, Suzuki T & Schoville SD (2017) Species diversity of insects in Japan: Their origins and diversification. Entomol Sci 20: 357-381.

(11) 疋田努　二〇〇三　東アジア島嶼域における爬虫類の生物地理——分子と形態から見た地理的分布　生物科学　五四：二〇五—二二〇頁
(12) 西海功　二〇〇九　陸鳥類の集団の構造と由来　樋口広芳・黒沢令子編　鳥の自然史——空間分布をめぐって　北海道大学出版会　北海道
(13) Yamasaki T (2017) Biogeographic pattern of Japanese birds: A cluster analysis of faunal similarity and a review of phylogenetic evidence. In Motokawa M, & Kajihara H (eds.) Species diversity of animals in Japan. Springer Japan.
(14) Zhan XJ & Zhang ZW (2005) Molecular phylogeny of avian genus *Syrmaticus* based on the mitochondrial cytochrome *b* gene and control region. Zool Sci 22: 427-435.
(15) Dufort MJ (2016) An augmented supermatrix phylogeny of the avian family Picidae reveals uncertainty deep in the family tree. Mol Phylogenet Evol 94: 313-326.
(16) Päckert M, Sun YH, Strutzenberger P, Valchuk O, Tietze DT & Martins J (2015) Phylogenetic relationships of endemic bunting species (Aves, Passeriformes, Emberizidae, *Emberiza koslowi*) from the eastern Qinghai-Tibet Plateau. Vertebr Zool 65: 135-150.
(17) Kayvanfar N, Aliabadian M, Niu X, Zhang Z & Liu Y (2016) Phylogeography of the Common Pheasant *Phasianus colchicus*. Ibis 159: 430-442.
(18) Dong L, Wei M, Alström P, Huang X, Olsson U, Shigeta Y, Zhang Y, & Zheng G (2015) Taxonomy of the Narcissus Flycatcher *Ficedula narcissina* complex: and integrative approach using morphological, bioacoustic and multilocus DNA data. Ibis 157: 312-325.
(19) Liu B, Alström P, Olsson U, Fjeldså J, Quan Q, Roselaar KCS, Saitoh T, Yao CT, Hao Y, Wang W, Qu Y & Lei F (2017) Explosive radiation and spatial expansion across the cold environments of the Old World in an avian family. Ecol Evol 7: 6346-6357.
(20) Saitoh T, Sugita N, Someya S, Iwami Y, Kobayashi S, Kamigaichi H, Higuchi A, Asai S, Yamamoto Y, & Nishiumi I

(2015) DNA barcoding reveals 24 distinct lineages as cryptic bird species candidates in and around the Japanese Archipelago. Mol Ecol Res 15: 177-186.

(21) Saitoh T, Alström P, Nishiumi I, Shigeta Y, Williams D, Olsson U & Ueda K. (2010) Old divergences in a boreal bird supports long-term survival through the Ice Ages. BMC Evol Biol 10: 35.

(22) Aoki D, Kinoshita G, Kryukov AP, Nishiumi I, Lee SI & Suzuki H (2018) Quaternary-related genetic differentiation and parallel population dynamics of the Eurasian Jay (*Garrulus glandarius*) in the circum-Japan Sea region. J Ornithol 159: 1087-1097.

(23) Alström P, Rheindt FE, Zhang R, Zhao M, Wang J, Zhu X, Gwee CY, Hao Y, Ohlson J, Jia C, Prawiradilaga DM, Ericson PGP, Lei F & Olsson U (2018) Complete species-level phylogeny of the leaf warbler (Aves: Phylloscopidae) radiation. Mol Phylogenet Evol 126: 141-152.

(24) Zuccon D, Pasquet E & Ericson PGP (2008) Phylogenetic relationships among Palearctic-Oriental starlings and mynas (*genera Sturnus* and *Acridotheres*: Sturnidae) . Zool Scr 37: 469-481.

(25) Lavinia PD, Kerr KCR, Tubaro PL, Hebert PDN & Lijtmaer DA (2016) Calibrating the molecular clock beyond cytochrome *b*: assessing the evolutionary rate of COI in birds. J Avian Biol 47: 84-91.

(26) Brazil M (2009) Birds of East Asia: China, Taiwan, Korea, Japan, and Russia. A&C Black, London.

(27) del Hoyo J, Collar NJ (2016) HBW and BirdLife International Illustrated Checklist of the Birds of the World. Volume 2: Passerines. Lynx Edicions, Barcelona

(28) del Hoyo J, Collar NJ (2014) HBW and BirdLife International Illustrated Checklist of the Birds of the World. Volume 1: Non-passerines. Lynx Edicions, Barcelona

(29) Higuchi H, Minton J & Katsura C (1995) Distribution and ecology of birds of Japan. Pac Sci 49: 69-86.

(30) Nylander JAA, Olsson U, Alström P & Sanmartín I (2008) Accounting for phylogenetic uncertainty in biogeography: a Bayesian approach to dispersal-vicariance analysis of the Thrushes (Aves: *Turdus*) . Syst Biol 57: 257-268.

(31) Haring E, Kvaløy K, Gjershaug JO, Røv N & Gamauf A (2007) Convergent evolution and paraphyly of the hawk-eagles of the genus *Spizaetus* (Aves, Accipitridae) – phylogenetic analyses based on mitochondrial markers. J Zool Syst Evol Res 45: 353-365.

(32) Monti F, Duriez O, Arnal V, Dominici JM, Sforzi A, Fusani L, Grémillet D & Montgelard C (2015) Being cosmopolitan: Evolutionary history and phylogeography of a specialized raptor, the Osprey *Pandion haliaetus*. BMC Evol Biol 15: 255.

(33) Kunz F, Gamauf A, Zachos FE & Haring E (2019) Mitochondrial phylogenetics of the goshawk Accipiter [*gentilis*] superspecies. J Zool Syst Evol Res 57: 942-958.

(34) Nebel C, Gamauf A, Haring E, Segelbacher G, Villers A & Zachos FE (2015) Mitochondrial DNA analysis reveals Holarctic homogeneity and a distinct Mediterranean lineage in the Golden eagle (*Aquila chrysaetos*) . Biol J Linn Soc 116: 328-340.

(35) Küpper C, Edwards SV, Kosztolányi A, Alrashidi M, Burke T, Herrmann P, Argüelles-Tico A, Amat JA, Amezian M, Rocha A, Hötker H, Ivanov A, Chernicko J & Székely T (2012) High gene flow on a continental scale in the polyandrous Kentish plover *Charadrius alexandrinus*. Mol Ecol 21: 5864-5879.

(36) Nishiumi I, & Kim CH (2015) Assessing the potential for reverse colonization among Japanese birds mining DNA barcode data. J Ornithol 156: S325-S331.

(37) Pentzold S, Tritsch C, Martens J, Tietze DT, Giacalone G, Valvo ML, Nazarenko AA, Kvist L & Päckert M (2013) Where is the line? Phylogeography and secondary contact of western Palearctic coal tits (*Periparus ater*; Aves, Passeriformes, Paridae) . Zool Anz 252: 367–382.

(38) Tritsch C, Martens J, Sun YH, Heim W, Strutzenberger P & Päckert M (2017) Improved sampling at the subspecies level solves a taxonomic dilemma – A case study of two enigmatic Chinese tit species (Aves, Passeriformes, Paridae, Poecile) . Mol Phylogenet Evol 107: 538-550.

(39) Päckert M, Martens J & Sun YH (2010) Phylogeny of long-tailed tits and allies inferred from mitochondrial and

nuclear markers (Aves: Passeriformes, Aegithalidae) . Mol Phylogenet Evol 55: 952-967.

(40) Albrecht F, Hering J, Fuchs E, Illera C, Ihlow F, Shannon TJ, Collinson JM, Wink M, Martens J & Päckert M (2020) Phylogeny of the Eurasian Wren *Nannus troglodytes* (Aves: Passeriformes: Troglodytidae) reveals deep and complex diversification patterns of Ibero-Maghrebian and Cyrenaican populations. PLoS ONE 15 (3) : e0230151.

(41) Harris RB, Alström P, Ödeen A & Leaché AD (2018) Discordance between genomic divergence and phenotypic variation in a rapidly evolving avian genus (*Motacilla*) . Mol Phylogenet Evol 120: 183-195.

(42) Ota H (1998) Geographic patterns of endemism and speciation in amphibians and reptiles of the Ryukyu Archipelago, Japan, with special reference to their paleogeographical implications. Res Popul Ecol 40: 189-204.

(43) Johansson US, Ekman J, Bowie RCK, Halvarsson P, Ohlson JI, Price TD, Ericson PGP (2013) A complete multilocus species phylogeny of the tits and chickadees (Aves: Paridae) . Mol Phylogenet Evol 69: 852-860.

(44) McKay BD, Mays Jr. HL, Yao CT, Wan D, Higuchi H & Nishiumi I (2014) Incorporating color into integrative taxonomy: Analysis of the Varied Tit (*Sittiparus varius*) complex in East Asia. Syst Biol 63: 505-517.

(45) Bellemain E & Ricklefs R (2008) Are islands the end of the colonization road? Trends Ecol Evol 23: 461-468.

(46) Jønsson KA & Holt BG (2015) Islands contribute disproportionately high amounts of evolutionary diversity in passerine birds. Nat Commun 6: 8538.

コラム1

古人骨の遺伝解析から俯瞰する日本列島人のルーツ

青木大輔

ある分野の専門家が別の分野をよく知ることは、専門分野でこれまでなかった新しいものの見方や考え方を生み出すことにつながる。文化人類学者である梅棹忠夫やジャレド・ダイアモンドは、彼らが以前に研究していた生態学の考え方を取り入れ、文化や民族の分布パターンの理解に発展をもたらした(1、2)。このように、生物の分布を調べる学問は、同じ生物である人類の歴史を知る手がかりも与えてきた。これとは逆に、人類の歴史から鳥類の歴史の新しい側面を学ぶことが将来的にできるかもしれない。日本産鳥類のルーツを解明する糸口を探りに日本列島人のルーツをのぞいてみよう。

日本列島人のルーツは採集狩猟民である縄文人と稲作農耕民の弥生人が登場するシナリオで説明されてきた。小学校でも習う縄文人と弥生人の存在だが、二つの人類集団が誕生した背景や現代人までの系統の流れはこれまで詳しくわかっていなかった。当時を生きていた古人骨からゲノム解析［注1］に成功した研究例が増えており、縄文人・弥生人のルーツが解明されてきている(3、4、5、6)。

縄文人はおよそ三万八〇〇〇年前に現在のユーラシア大陸東部にいた祖先集団から分岐した。[5]これは他の東アジア人の祖先や北アメリカへ渡ったアメリカ原住民の祖先が誕生するよりも前の時代だった。つまり、ユーラシア大陸で様々な人類の祖先集団が生まれている間、縄文人は日本列島において隔離されて生息していたのである。日本列島に縄文人が住み着くに至った移動経路は複数の可能性が示されている。[5、6、7]一つは、東アジアの海岸線に沿った経路である。氷期中であった三万年前には、東シナ海の大部分は干上がっており、中国東海岸に沿えば日本列島近辺に到着することができただろう。他にもアジアの内陸部から朝鮮半島を通る経路や、サハリンを通ってやってきた経路も可能性として示唆されている。これら複数の経路を伝って人類がやってきた後、日本列島内で混ざり合うことで縄文人が生まれた可能性も高い。

弥生人は縄文人よりも後に大陸から来た人々、つまり渡来人を指すことがある。しかし福岡県で発掘された弥生人や現代日本人のゲノム解析などから、渡来人の集団は弥生時代に限らず、古墳時代など後の時代にもたびたび日本列島へやってきていた可能性が指摘されている。[6、7]弥生時代に九州へやってきた渡来人は東進の過程で縄文人との混血を繰り返しながら「弥生人」を形成し、古墳時代の渡来人とさらに混血し、ヤマト人［注2］の祖先となっていったと想定されている。つまり弥生人は渡来人の直系の子孫ではなく、縄文人との混血によって生まれた日本特有の集団の可能性が高い。また、異なる渡来人の集団は異なる大陸集団に起源していた可能性がある。例えば、中国沿岸部から東シナ海を横断する経路と朝鮮半島を横断する経路の二つが、人類ととも

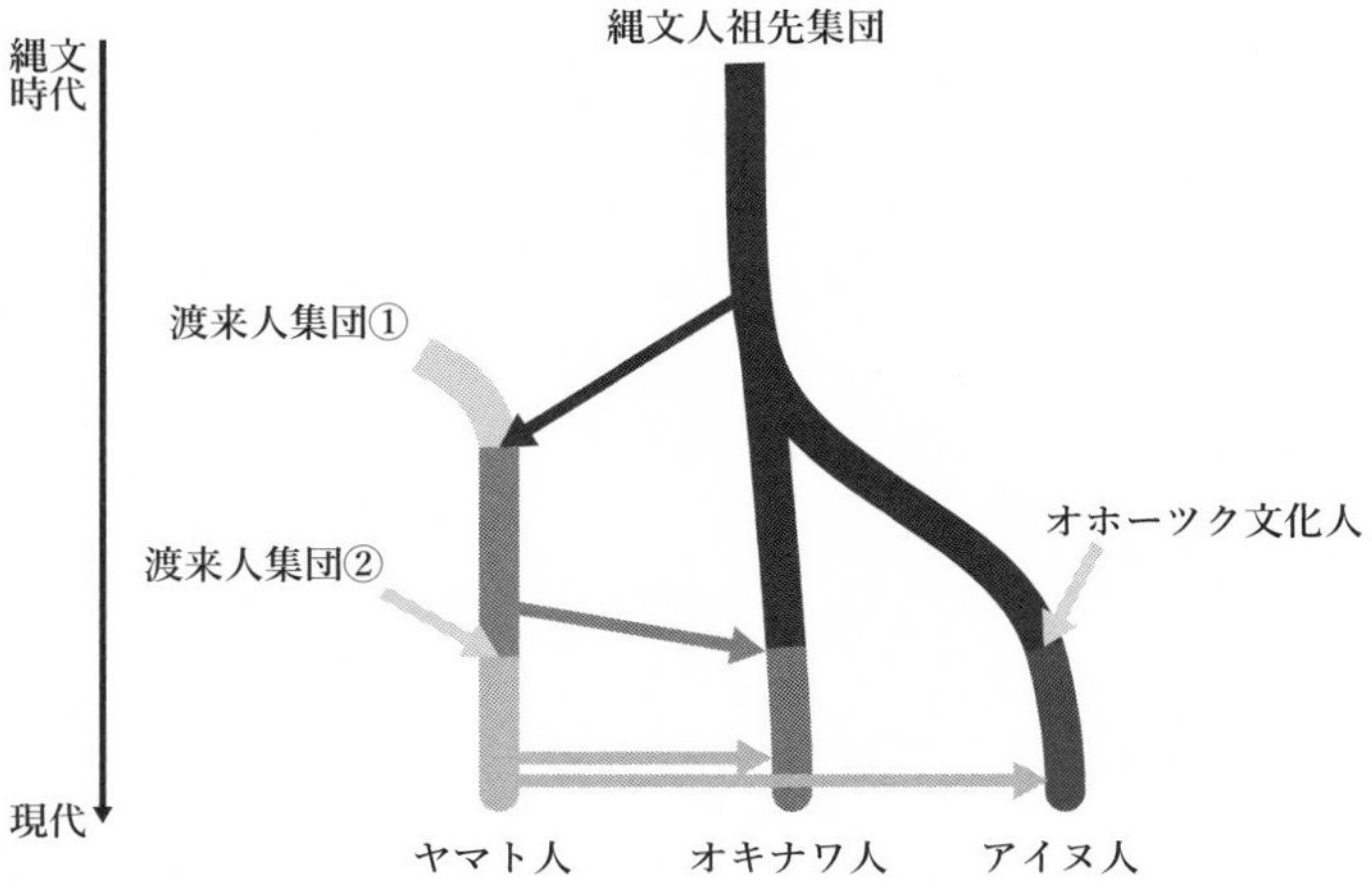

図　ゲノムから推測された暫定的な日本列島人の集団史（文献10、11を改変）
線は色が濃いほど縄文人のゲノムの割合が、薄いほど弥生時代以降に大陸からやってきた人のゲノムの割合が高いことを示している。線の太さは集団のゲノム情報への貢献度（大・小）を示し、貢献度の低い集団からの遺伝的交流の方向は矢印で示した。

に日本列島に渡来したハツカネズミの系統地理学研究から提唱されている[8]。

ヤマト人は渡来人の影響を大きく受けたため、そのゲノム情報の一〇〜二〇%のみが縄文人に由来すると推定されている[3]。一方、北海道と琉球列島への渡来人の影響は比較的小さかった（図）。ただし、北海道では沿海州の人々との関連性が指摘されているオホーツク文化人や本州から北進してきたヤマト人との混血が、琉球列島ではヤマト人との混血があったと考えられる。その結果、縄文人由来のゲノム情報はアイヌ人とオキナワ人それぞれではおよそ八〇%[5]、およそ三〇%[9]と推定されている。このように、複雑な人類集団の移動の末に、日本列島人が生まれた。

まだ日本列島人のルーツについては不明な点が多く、現在ゲノム解析を中心とした巨大プロジェクト「ヤポネシアゲノム」が進行中である[10]。

日本列島人のルーツと日本の鳥類のルーツとの間に類似点を見出すことができる。例えば、縄文人が古い時代から、琉球列島〜北海道に住み着き、隔離されていた点は、古い時代に大陸から隔離された鳥類の系統が琉球列島〜北海道、そしてサハリンにかけて分布している点（例：コマドリ・アカヒゲ種群の系統）と類似している。さらに、一部の鳥類で朝鮮半島や極東ロシアの集団との遺伝的交流の可能性が示されたように、日本列島人の祖先は大陸の南北からやってきた人々の影響を大きく受けていた。また、人類が日本列島にやってきた経路も鳥類で想定されたように多様だった可能性が高い。縄文人や渡来人が日本へやってくるには、多かれ少なかれ海を越えた移動が必要だったはずである。人類が日本にやってきた地史的・生態学的要因が明らかになれば、鳥類のルーツ解明に使えるアイデアも得られるかもしれない。

［注1］ゲノムは生物を構成するすべての遺伝情報を指す。ゲノムの全塩基配列、もしくはゲノムをまばらに抽出して決定された塩基配列を解析する。次世代シークエンサーにより活発に行われるようになった。

［注2］日本列島本土（本州、四国、九州）の広範囲に住んでいた人々を指す。

【参考文献】

（1）梅棹忠夫　一九七四　文明の生態史観　中央公論社　東京

（2）Diamond J (1997) *Guns, germs, and steel: A short history of everybody for the last 13,000 years*. W. W. Norton & Company, New York（ジャレド・ダイアモンド著　倉骨彰訳　二〇〇〇　銃・病原菌・鉄――一万三〇〇〇年にわたる人類史の謎　草思社　東京）

（3）Kanzawa-Kiriyama H, Kryukov K, Jinam TA, Hosomichi K, Sato A, Suwa G, Ueda S, Yoneda M, Tajima A, Shinoda K, Inoue I & Saitou N (2017) A partial nuclear genome of the Jomons who lived 3000 years ago in Fukushima, Japan. J Hum Genet 62: 213-221.

（4）Kanzawa-Kiriyama H, Jinam TM, Kawai Y, Sato T, Hosomichi K, Tajima A, Adachi N, Matsumura H, Kryukov K, Saitou N & Shinoda K (2019) Late Jomon male and female genome sequences from the Funadomari site in Hokkaido, Japan. Anthropol Sci 190415: 1-26.

（5）Gakuhari T, Nakagome S, Rasmussen S, Allentoft M, Sato T, Korneliussen T, Chuinneagáin BN, Matsumae H, Kobanebuchi K, Schmidt R, Mizushima S, Kondo O, Shigehara N, Yoneda M, Kimura R, Ishida H, Masuyama Y, Yamada Y, Tajima A, Shibata H, Toyoda A, Tsurumoto T, Wakebe T, Shitara H, Hanihara T, Willerslev E, Sikora M & Oota H (2019) Jomon genome sheds light on East Asian population history. BioRxiv 579177.

（6）篠田謙一　二〇一九　新版 日本人になった祖先たち――ＤＮＡが解明する多元的構造　ＮＨＫ出版　東京

（7）斎藤成也　二〇一七　核ＤＮＡ解析でたどる日本人の源流　河出書房新社　東京

（8）Kuwayama T, Nunome M, Kinoshita G, Abe K & Suzuki H (2017) Heterogeneous genetic make-up of Japanese house mice (Mus musculus) created by multiple independent introductions and spatio-temporally diverse hybridization processes. Biol J Linn Soc 122: 661-674.

（9）Jinam TA, Kanzawa-Kiriyama H, Inoue I, Tokunaga K, Omoto K & Saitou N (2015) Unique characteristics of the Ainu population in Northern Japan. J Hum Genet 60: 565-571.

（10）齋藤成也　二〇一九　Yaponesian　新学術領域研究ヤポネシアゲノム　〇（〇）　三島（オンライン）http://www.yaponesian.jp/cmsdesigner/dlfile.php?entryname=kikan&entryid=00002&fileid=00000001&/Yaponesian_Vol_0_No_0_ver2.pdf　参照二〇二〇年八月二〇日
（11）成清陽・林和也・藤枝かおり　二〇一八　縄文人の身体・ＤＮＡのヒミツ　Discover Japan 二〇一八年九月号 Vol. 83　八二―八三頁　枻出版社　東京

第3章　考古遺物から探る完新世の日本の鳥類

江田真毅

「考古学って知ってる人？」

私は担当するほとんどの講義をこの質問から始めることにしている。知っている人に手を挙げてもらうと、ほとんどの学生が手を挙げる。次の質問は、「では、次のうち考古学者が研究しているのはどれでしょう？」というものだ。「貝塚は？」と聞くと、ほとんどの学生が手を挙げる。続いて、「ナスカの地上絵は？」「マンモスは？」「ティラノサウルスは？」と聞いていくと、徐々に困惑の表情を浮かべて周囲をうかがう学生が増えていく。ティラノサウルスまで手を挙げてくれる学生はだいたい六割といったところだろうか。あなたならどうだろう？　恥ずかしながら、大学に入りたての私が同じ質問をされたら、戸惑いながら最後まで手を挙げ続けていたに違いない。

考古学は、過去の人類の物質的遺物を資料として人類の過去を研究する学問である[1]。そのため、人類の出現するはるか昔、約六六〇〇万年前までに絶滅した非鳥類型恐竜[2]の一種、ティラノサウルスの化石は、考古学の研究対象になりえない。その研究から人類の過去の復元につながらないためだ。その化石は主に古生物学で扱われる。一方、貝塚やナスカの地上絵は過去の人類が残した物質的遺物である。考古学と聞くと土を掘ってみつけたものを研究するようなイメージがあるかもしれない。しかし、地表面から——より望ましくは上空から——確認できるナスカの地上絵の分析も、当時の人々の生活や活動の理解に役立つ[3]。このため、貝塚と同様、ナスカの地上絵も考古学の研究対象である。同様に、マンモスも考古学の研究対象となりえる。マンモスの生きた時代は人類の生きた時代と重複するためだ。マンモスのどの骨が遺跡から出土するか、あるいはそれらの骨にどのような傷が付けられているかを分析することから、当時の人々がマンモスをどのような目的で狩猟し解体したか、そしてその骨をどのように加工して道具としていたかが明らかにできる。このように、遺跡から出土した動物の骨から過去の人類の生活を考える考古学の一分野は「動物考古学」と呼ばれる。

マンモスの骨の分析からは、例えばマンモスはどんなものを食べていたのか、あるいはマンモスは季節的に移動していたのか、といった疑問も探求できる。このような疑問は、残念ながら人類の生活の復元に直ちには結びつかないかもしれない。しかし、生物学的あるいは古生物学的には非常に魅力的な研究になりえる。このように遺跡から出土した骨から動物の過去を研究する学問分野は「考古動物学」と呼ばれる。日本では、主にイヌやブタ、ネコなどの家畜を中心に、イノシシやシカ、オオカミなどの野生哺乳類でその分布や大きさの時代的変化が研究されてきた。一方、遺跡から出土した鳥類の骨を利用してその過去を調べる「考古鳥類学」の研究はほとんどなかった。考古鳥類学。ほとんどの方にとって初めて目にする言葉だと思われるが、無理もない。この名称は、考古遺物から鳥類の過去の生態を復元できることを印象付けるために、私が最近使い始めたものなのだから[4]。

日本の遺跡（埋蔵文化財包蔵地）は文化財保護法によって保護されている。そのため、遺跡の破壊を伴う工事の前にはその調査が義務付けられており、二〇一七（平成二九）年度、二〇一八年度にはそれぞれ約九〇〇〇遺跡が調査された[5]。さらに、遺跡として登録されている場所は全国で約四七万地点にのぼる[6]。その多くが今から約一万二〇〇〇年前以降の完新世のものだ。残念ながら日本列島のほとんどの地域は動物の骨の保存に適していない[7]。火山灰性の酸性土に覆われるため、また高温、多雨を特徴とする温帯モンスーン気候の影響のためだ。動物の骨の出土は貝塚や低湿地、砂丘、洞窟などの遺跡に限られる。同様の理由から、日本列島では自然堆積物からの骨の産出も非常に少ない。そのため、遺跡から出土する動物の骨は、完新世の動物の生態を直接的に調べるほぼ唯一の資料である。この章では、遺跡から出土した骨から完新世の日本の鳥類について探っていく。

1　遺跡から出土した鳥骨の肉眼同定

鳥類の骨は哺乳類や魚類の骨と混ざって、バラバラの状態で遺跡から出土する。遺跡から出土した骨を前にして最初に行うのは、その骨が何の骨なのか?を明らかにすること。「同定」と呼ばれる作業で

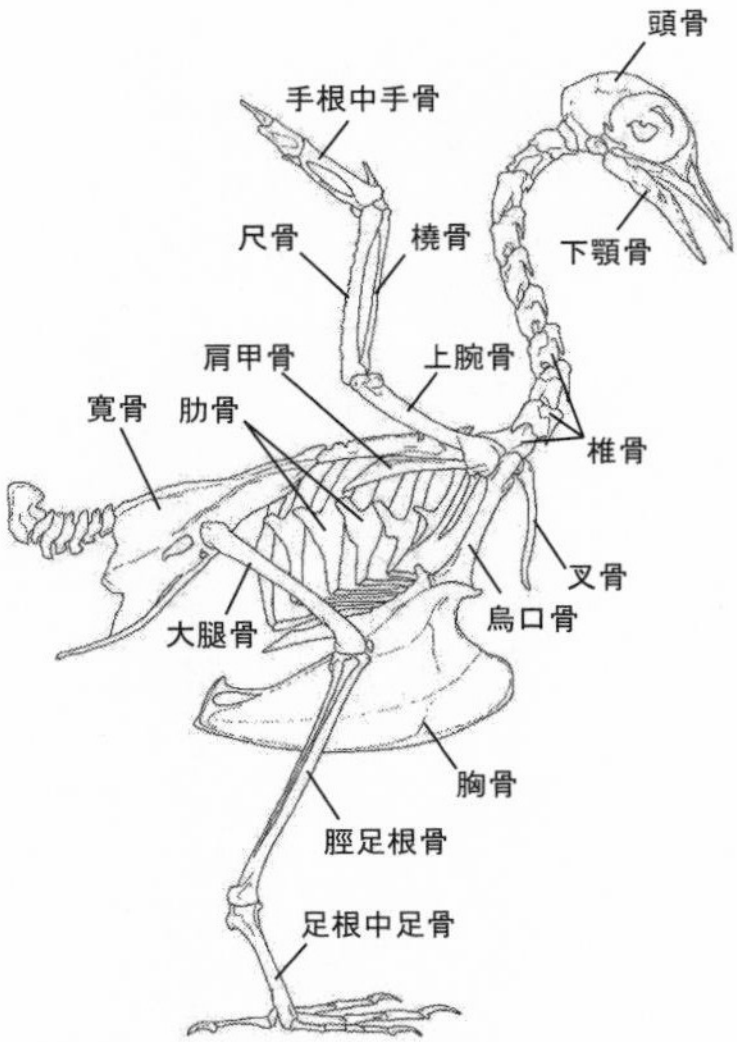

図３−１　ドバトの骨格図（文献８を一部改変）

ある。一般に遺跡から出土した動物の骨は現生骨標本と肉眼で比較して同定される。比較骨学的方法と呼ばれる同定法だ。出土した骨を鳥類のものと同定するのは比較的容易とされる[7]。骨表面が緻密で滑らかなことや骨そのものが軽いこと、また破損している場合には緻密質が薄いことや、骨幹では海綿質がほとんど発達しておらず中空であることなどの特徴からだ。しかし、実際に選り分けようとするとなかなか難しいこともある。特に、焼けた小さな破片になるとお手上げの場合も数知れない。

骨が鳥類のものと考えられた場合、次にその破片がどの骨格部位のものかを検討する。鳥類の場合、烏口骨、肩甲骨、上腕骨、尺骨、橈骨《とうこつ》、手根中手骨《しゅこんちゅうしゅこつ》、大腿骨、脛足根骨、足根中足骨といった上肢や下肢の骨が比較的多く出土する（図３−１）。これに対して、頭骨、胸骨、椎骨、肋骨、寛骨といった体幹部の骨の出土は稀である。

骨の部位の同定の後は、いよいよ分類群の同定である。それぞれの骨を目、科、属、種のどの分類階級まで同定するかは研究者の知識と経験、判断に委ねられる。ほとんどの場合、それぞれの骨をその分類群と同定した根拠は示されない。骨標本や図譜との比較によって同定したことが述べられるだけだ。遺跡からは時に数百～数千点の様々な部位の骨が出土する。破損していることも多く、一つひとつの骨の同定根拠を記載するのは煩雑に過ぎるという事情がある。しかし、自戒を込めていえば、この過程はまさにブラックボックスだ。ほぼすべての骨を種単位で同定する研究者がいる一方、科単位の同定で留める研究者もいる。日本ではほとんどの骨の同定を科単位に留める研究者が多い。私もその一人だ。実は、日本産の鳥類の骨を科単位で同定する明文化された基準があるわけではない。ただ、日本の動物考古学者の間では「(スズメ目とチドリ目以外であれば) 科単位は形態の違いから同定できるよね」という暗黙の了解がかなり共有されているように思われる。これに対して、欧米の研究者は種単位で同定する傾向が強い。この日本と欧米における同定単位の差は、博物館や研究施設における骨標本の蓄積量の差、およびそれを利用した同定基準作成のための基礎研究量の差とみることができるだろう。欧米に比べて、日本はどちらも格段に少ない。もっとも、種単位でバシバシと骨を同定している欧米の研究者の論文を読んで、また学会発表を聞いて「そこまで同定できるの?」「同定は信頼できるの?」と内心穏やかではいられないこともたびたびある。

鳥類の骨が比較骨学的方法によって同定・報告された完新世の遺跡は全国で一〇〇〇をゆうに超える。

前述のようにそのほとんどは科を単位としたものだ。種や属などの単位で同定されているものも科の単位でまとめると、縄文時代の遺跡では少なくともキジ科、カモ科、カイツブリ科、ハト科、アビ科、アホウドリ科、ミズナギドリ科、ウミツバメ科、コウノトリ科、ウ科、ペリカン科、サギ科、トキ科、ツル科、クイナ科、チドリ科*、シギ科*、カモメ科、ウミスズメ科、ミサゴ科、タカ科、フクロウ科、キツツキ科、ハヤブサ科、モズ科*、カラス科、シジュウカラ科*、ヒヨドリ科、ムクドリ科*、ヒタキ科*、アトリ科*、ホオジロ科*の三二科が報告されている。[9] このうち*をつけた科は、私が同定したことのない科だ。私の経験では、カモメ科とウミスズメ科を除くチドリ目の各科、およびカラス科を除くスズメ目の各科は同定がかなり難しい。が、わかる方にはわかるのだろう。同定基準が示されていないことの弊害は、まさにここである。ブラックボックスを経由して得られた結果は、「信じる」か、「信じない」かしかないのだから。

日本産の鳥類の科は八一科、このうちスズメ目が三七科を占める。[10] したがって、現在確認されている鳥類の科のうち、遺跡からも出土が確認されているのは、スズメ目では約二二%、非スズメ目では約五五%ということになる。この結果から、確認されなかった科が当時日本列島に分布していなかったと結論づけることはできない。遺跡から出土する動物の骨は当時の人々の味や色などの好み、技術的あるいは社会的な制約などの影響を受け、必ずしも当時の鳥類相そのものではないためだ。一方で、各遺跡から出土した骨がその周辺で採集された個体に由来し、遠隔地から持ち込まれていないことを前提にすると、これらの骨から当時の各科の分布が復元できる。科を単位とした分布でみても、ツル科やコウノトリ科、そして後で詳述するアホウドリ科は現在の分布よりかなり広い範囲の遺跡から骨が出土している。[11]科を単位とした同定では、鳥類学の土俵にはなかなかのせがたい。そこで、以下では比較骨学的方法やＤＮＡ解析によって遺跡から出土した骨を種単位で同定して議論を展開した研究事例を紹介する。対象はキジ科のニワトリとアホウドリ科のアホウドリだ。

2　ニワトリ──その日本列島への導入を考古遺物から探る

ニワトリを知らない人はいないだろう。ニワトリは現在南極大陸を除くすべての大陸とバチカン市国を除くすべての国で約二〇〇億羽が飼育されている家禽だ。[12]採卵や食肉といった食用に加え、闘鶏や愛玩・観賞用など様々な目的で飼育されている。それでは、その歴史を知っている人はどれくらいいるだろうか？　ニワトリは東南アジアに分布するセキショクヤケイを飼いならしたものだ。最新の全ゲノムを対象とした研究では、中国南部やミャンマー、タイ北部に分布する亜種とニワトリの共通祖先は約一万二八〇〇〜六二〇〇年前に分化し、その後各地のセキショクヤケイの亜種や他のヤケイ属の種とも交雑しながら現在のニワトリが成立したと考えられている。[13]

その後、時を経てニワトリは日本にもやってきた。そしてその肉や卵は皆さんの家の食卓にものぼっていると思われる。それでは、ニワトリはいつ、そしてなぜ日本に持ち込まれたのだろうか？

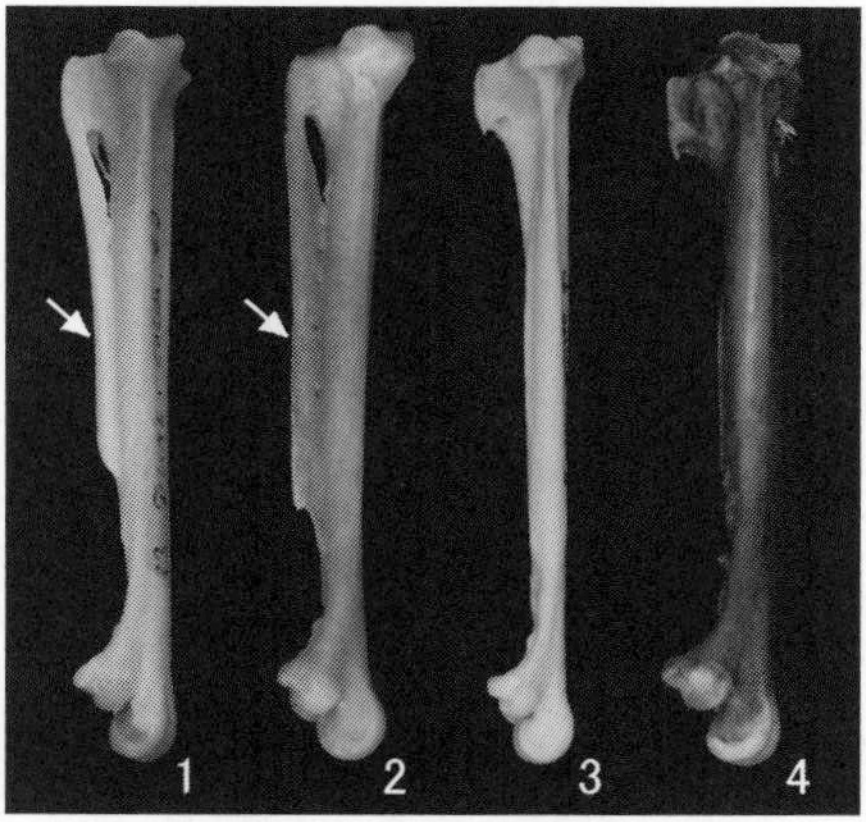

図3－2　キジ科の成鳥の足根中足骨（文献14より転載）
1：キジ、2：ヤマドリでは内側足底稜（矢印）があるが、3：セキショクヤケイや4：ニワトリにはない。

2－1　いつニワトリは日本に持ち込まれたのか?

日本の遺跡から出土したキジ科の骨をニワトリのものと同定するためには、日本に生息するキジ科の中型種であるキジやヤマドリとの識別が必須となる。そこで、私たちは比較骨学的方法に基づくニワトリ、キジ、ヤマドリの同定基準の作成を試みた[14]。

その結果、脛足根骨と足根中足骨ではニワトリと、キジ・ヤマドリを識別する形態的違いを、大腿骨ではキジと、ニワトリ・ヤマドリを識別する形態的違いを見出した。足根中足骨とは、人では足の甲と足の裏の間にある骨だ。その足の裏にあたる部分にキジやヤマドリの成鳥には薄い骨の板（内側足底《ないそくそくてい》稜《りょう》）があるが、ニワトリにはない（図3－2）。この形態的特徴を手掛かりに、遺跡から出土したキジ科の足根中足骨がキジ・ヤマドリのものか、それともニワトリのものかを識別できる。同様に、脛足根骨では後腓骨頭靱帯《こうひこつとうじんたい》付着部の形態が、大腿骨では大《だい》転子含気窩《てんしがんきか》の有無がキジ科の骨の同定に有用であった⑭。

これまでのところ日本列島における最古のニワトリの骨は、唐古・鍵遺跡（奈良県磯城郡田原本町）の弥生時代中期（約二四〇〇〜一九〇〇年前）の溝から検出されたものだ⑮（図3－3）。縄文時代の遺跡からはニワトリの骨はみつかっておらず、ニワトリは弥生時代になって日本列島で利用されるようになったと考えられる。弥生時代のニワトリの骨は、この他カラカミ貝塚（長崎県壱岐市：中期〜後期）、原《はる》の辻遺跡（同：中期〜後期）、酒見貝塚（福岡県大川市：後期）、塚崎東畑遺跡（福岡県久留米市：中期〜後期）、朝日遺跡（愛知県清須市および名古屋市西区：後期）から報告されている⑭。また宮ノ下遺跡（大阪府東大阪市）でも、明らかなニワトリの脛足根骨が弥生時代中期末〜古墳時代中期の遺物包含層で、ニワトリの可能性のある大腿骨が弥生時代中期の層で検出されている⑯。宮ノ下遺跡の例を加えても、これまでに確認されたニワトリあるいはその可能性のある骨は七遺跡から一三点に過ぎない⑰。弥生時代の日本列島にニワトリが持ち込まれたのは間違いない。しかし、当時のニワトリは現代のように頻繁に利用されてはいなかったと考えられる。

2－2 なぜニワトリは日本に持ち込まれたのか？

弥生時代のニワトリの用途は骨の出土量が少ないことから食用ではなく、「時を告げる鳥」であったと推定された⑱。その後、その用途はほとんど再検討されることがなかった。私は、当時のニワトリの性比を明らかにできれば、ニワトリの用途の解明につながると考えた。その理由は、「時を告げる鳥」で

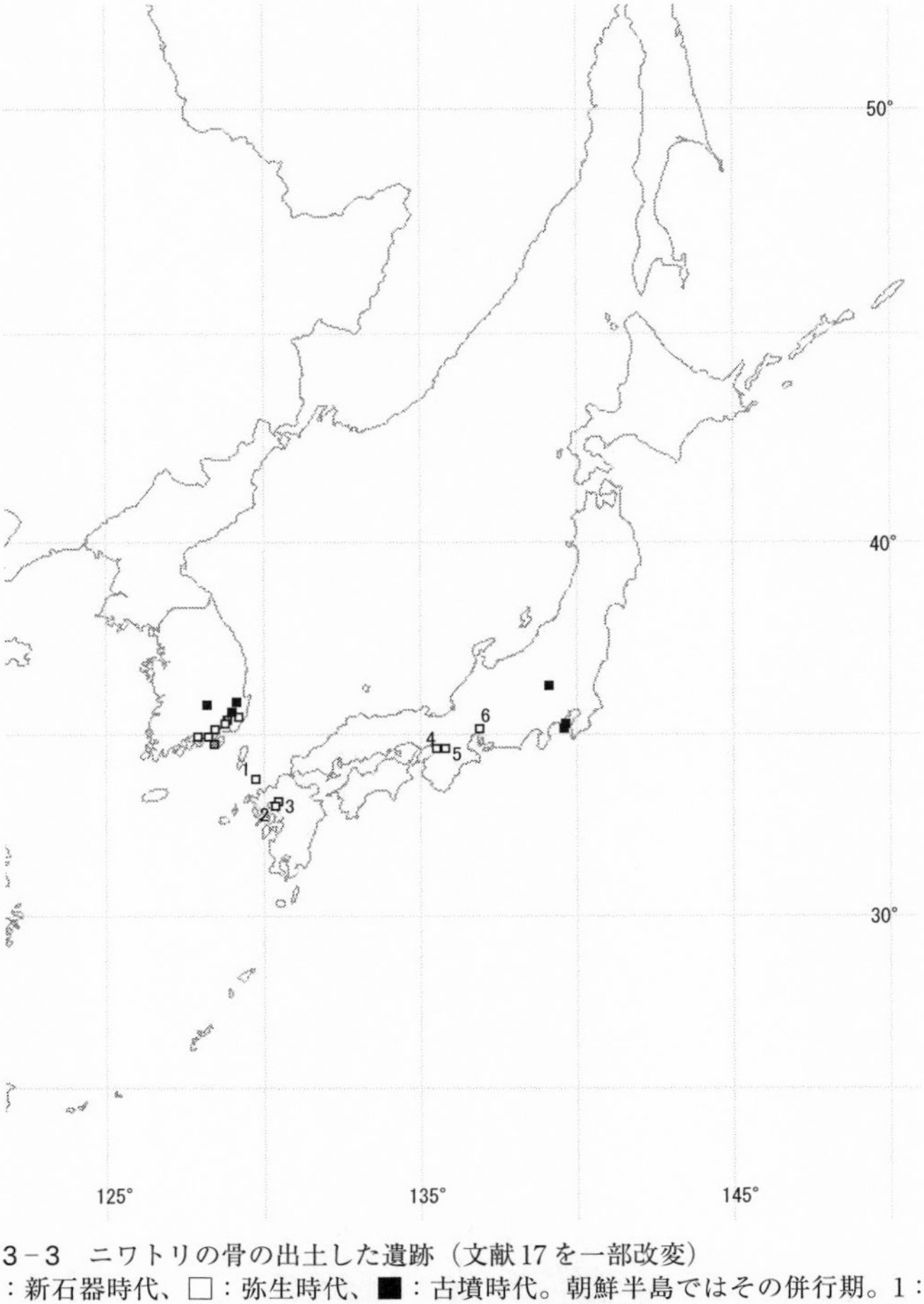

図3－3　ニワトリの骨の出土した遺跡（文献17を一部改変）
▩：新石器時代、□：弥生時代、■：古墳時代。朝鮮半島ではその併行期。1：カラカミ貝塚と原の辻遺跡　2：酒見貝塚　3：塚崎東畑遺跡　4：宮ノ下遺跡　5：唐古・鍵遺跡　6：朝日遺跡

あればオスが、卵の利用や再生の象徴などの意味があればメスが重宝されると考えたためだ。ちょうどその頃、私は骨の計測値の比較から、野生下で捕獲されたセキショクヤケイ（以下、「野生セキショクヤケイ」）と動物園などで飼育されていたセキショクヤケイ（以下、「飼育セキショクヤケイ」）の下肢の骨（大腿骨、脛足根骨、足根中足骨）は、様々な品種のニワトリ（以下、「ニワトリ」）に比べて有意に細い傾向を見出していた[19]。さらに、弥生時代のニワトリの体サイズは「飼育セキショクヤケイ」の範囲に収まり、プロポーションは「飼育セキショクヤケイ」より若干太いことを明らかにした。これらの知見から、骨形態からみた弥生時代のニワトリの家畜化の程度は「飼育セキショクヤケイ」よりわずかに進展している程度であったと考えた。

弥生時代のニワトリは「飼育セキショクヤケイ」よりわずかに家畜化の進んだ集団であったと仮定すると、四肢骨における性差も「飼育セキショクヤケイ」とそれほど変化していなかったと考えられる。これを前提に弥生時代のニワトリの様々な部位のサイズを基準化して「飼育セキショクヤケイ」と比較した。その結果、宮ノ下遺跡出土の一点を除くすべての資料が「飼育セキショクヤケイ」のオスのサイズの範囲に収まり、メスの「飼育セキショクヤケイ」とはほとんど重複しないことがわかった[19]（図3－4）。この結果は、弥生時代のニワトリの骨はほとんどがオスのものであり、性比が著しくオスに偏っていたことを示すと考えられた。弥生時代の遺跡からはこれまでに四例（朝日遺跡と唐古・鍵遺跡で各一例、カラカミ貝塚で二例）ニワトリの足根中足骨が検出されている。そして、そのすべてでほぼオスにしか形成されない発達した距突起——蹴爪の基礎となる突起——が認められている。形とサイズの両

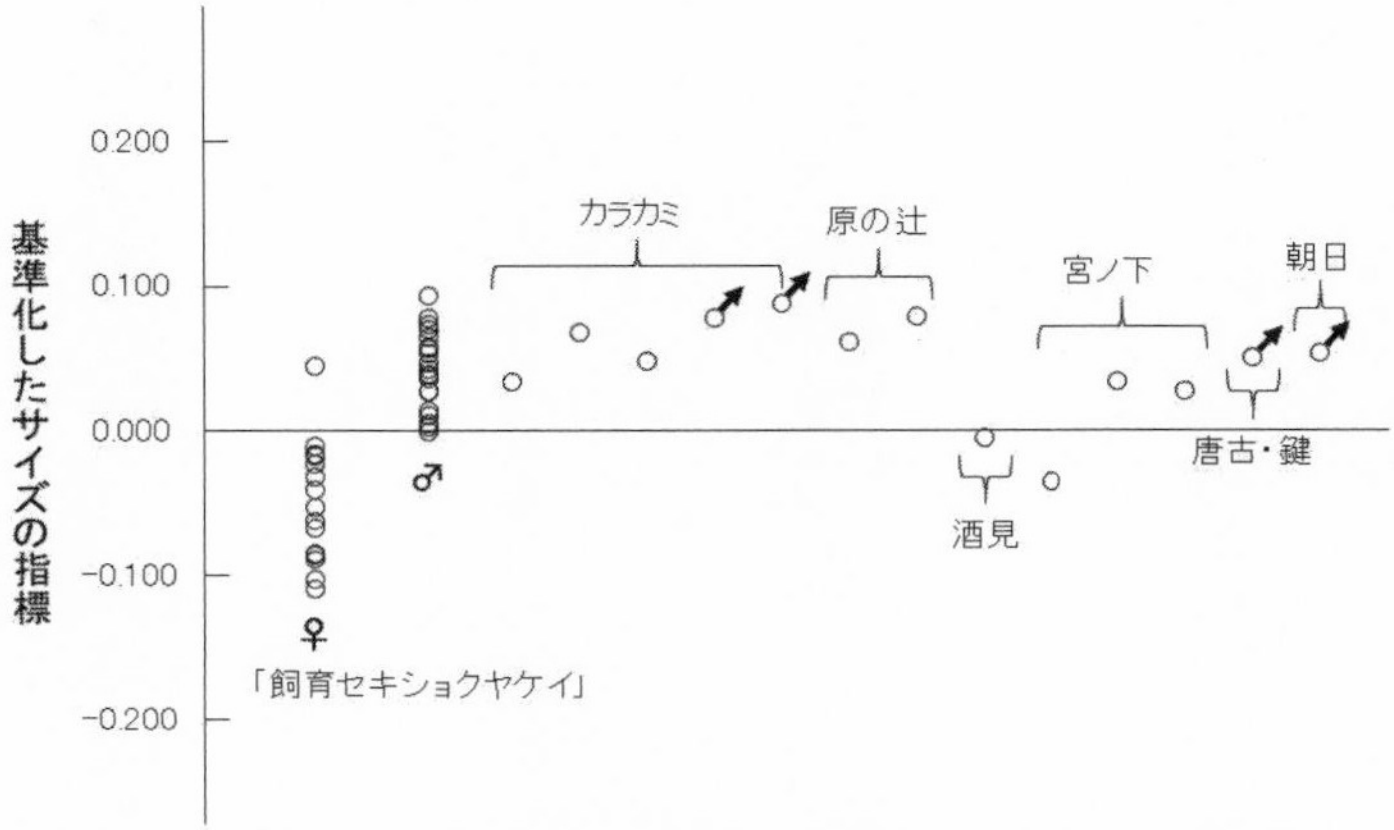

図３－４　基準化したサイズの指標による弥生時代のニワトリ骨の性判定（文献17より転載）
動物園などでセキショクヤケイとして飼育されていた「飼育セキショクヤケイ」の雌雄の平均値を用いて基準化。正の値はオス、負の値はメスと推定される。矢印は距突起があり雄と推定される足根中足骨のデータ。

方からすべてオスのものと考えられるこれらの資料は、当時、飼育されていたニワトリがオスに偏っていたことを補強するものといえるだろう⑰。

これは何を意味するか？　弥生時代のニワトリの性比が顕著にオスに偏っていたことは、「時を告げる」能力を持った雄鶏が主に利用されたことの反映と解釈できる。また、弥生時代のニワトリの体サイズはセキショクヤケイと類似しており、家畜化は「飼育セキショクヤケイ」よりわずかに進展していた程度だった。これらは、体サイズが大きく闘鶏で有利と考えられる個体の選抜がほとんど、あるいはまったくなかったことを意味するだろう。これも「時を告げる鳥」としての用途と調和的といえる。

ここでちょっと立ち止まって考えてみたい。洋の東西を問わず、「時を告げる」鳥といえばニワトリだ。しかし、初めてニワトリを見た、あるいは声を聴いた人は、ニワトリが「時を告げる」鳥とみなすものだろうか?

「飼育セキショクヤケイ」の鳴く頻度を調べた研究では、「飼育セキショクヤケイ」は日の出の約二時間前から鳴き始め、日の出の前後一時間をピークに鳴くことが確認された[20]。一方で、それより前の夜間にも一時間に数回は鳴き、また日の出後のピークの後も、徐々に頻度を落としながら日没まで鳴くことが確認されている。夜明けにのみ鳴くわけではないのだ。さらに、日本の在来の野鳥でも薄明から日の出頃に頻繁に鳴く鳥は数多い。異国の鳥であるニワトリが「夜明けを知らせる時告げ鳥」となるためには、「天の岩戸」の説話のような夜明けと鶏鳴を関連付け、権威付ける神話・思想とセットで日本列島に導入される必要があったのではないだろうか[17]。

ニワトリの鳴き声は遠くまで良く響く。またニワトリは屋内で飼育されても体内時計によって日の出を予測して鳴くことができる[20]。人目に触れないように厳重に屋内で飼育・管理しながらも、その存在を声によって認知させることができるニワトリは格好の威信財――権威の象徴となる財物――であったのではないだろうか[17]。ニワトリの寿命は現代でも一〇年程度とされる。当時もこれより極端に長かったとは考えにくい。青銅製や鉄製の武具・装身具など他の威信財に比べて毀損《きそん》しやすい性質は、実際にニワトリを飼育し(あるいは、させ)た人々も認識し、喧伝《けんでん》していただろう。

そして、弥生時代のニワトリは顕著にオスに偏っている。これまでにみつかったニワトリの可能性がある骨のうちメスはわずか一点。したがって、日本列島ではニワトリの再生産はほとんどできなかったと考えられる。[19] 弥生時代のニワトリは何らかの用途・目的から飼育されていたのではなく、飼育すること自体が目的の「生きた威信財」であり、中国大陸や朝鮮半島との密接な関係性を示す、文字通り「生きた証」であったのかもしれない。[17]

今日か、明日か、明後日か。次にニワトリの肉や卵を口にする際には、ぜひ二〇〇〇年前、弥生時代のニワトリに思いを馳せてみていただきたい。

3 アホウドリ――その過去の分布と分類を考古遺物から探る

これまでの私の人生にもっとも大きな影響を与えた遺跡を一つ挙げるなら、間違いなく北海道・礼文島の浜中2遺跡だ（図3－5）。一九九四年の夏、大学一年生として参加したこの遺跡の発掘調査で、私は遺跡から出土する「アホウドリ」の骨に初めて出会った。テレビや新聞の報道で見知った絶滅の淵から復活しつつあった鳥、アホウドリ。翼を広げるとゆうに二メートルを超える大型の海鳥だ。当時、世界中に五〇〇羽もいなかった鳥の骨が次々に掘り出されるのを目の当たりにして、強い関心を覚えた。後になってアホウドリ科の骨からアホウドリの骨を同定する方法は確立されておらず「アホウドリ」の骨は「アホウドリ科」の骨を意味していたこと、そしてアホウドリ科の鳥は礼文島の面する日本海では近年記録がないことを知った。これらのことは私が大学卒業後の進路を考えるうえで重要な指針となった。分布を含む動物の生態は変化するのだ。遺跡から出土した動物の骨から過去の人類の生活を復元す

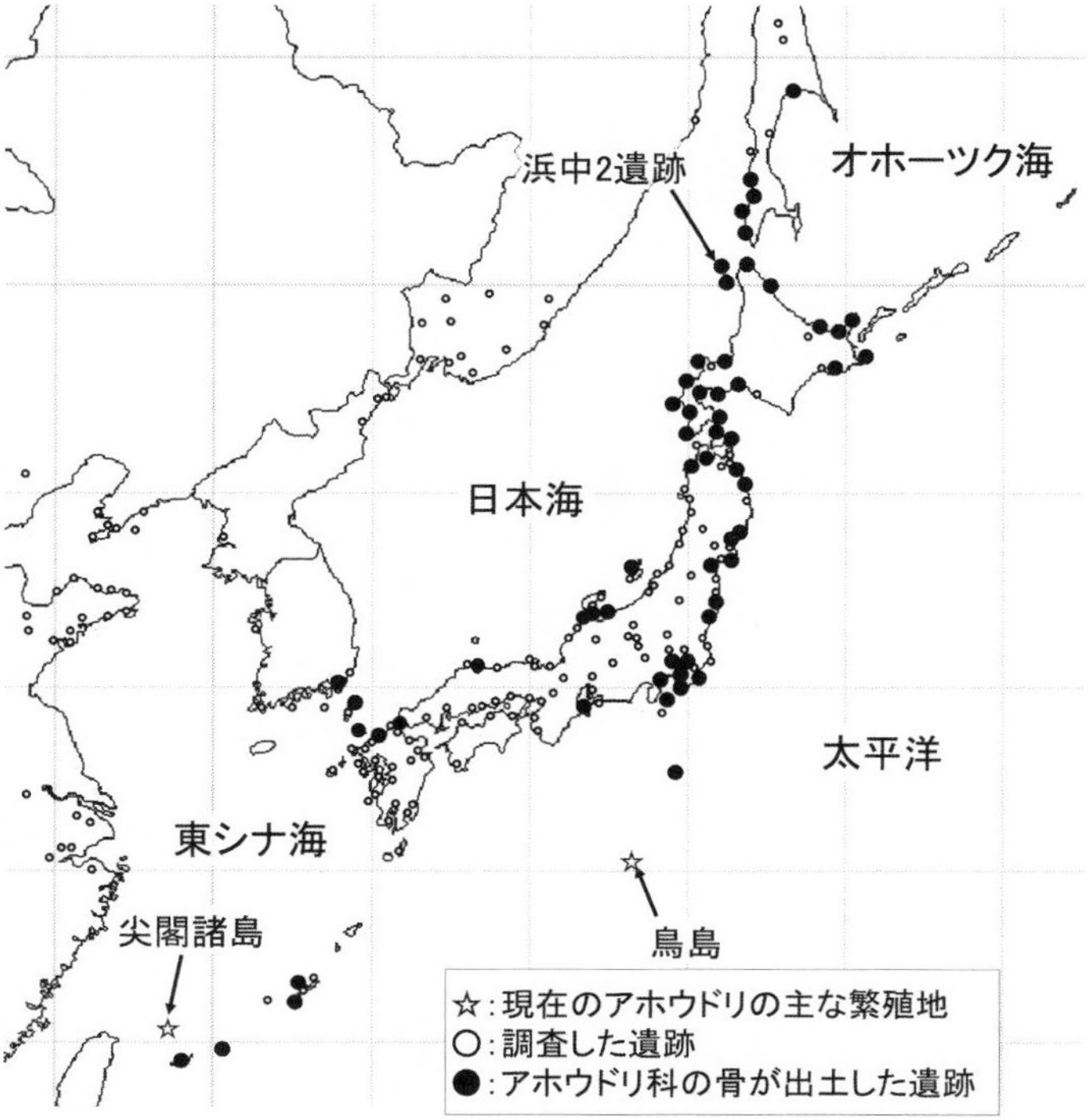

図3－5　現在のアホウドリの繁殖地とアホウドリ科の骨の出土遺跡（文献24を一部改変）

るためには、まず過去の動物の生態を復元する必要がある。そして、動物の生態の復元には種を単位とした同定が欠かせない。そこで私は生態学の研究室で考古遺物を研究することにした。その最初のターゲットは、もちろんアホウドリを含むアホウドリ科の鳥であった。

3－1　日本海から消えたアホウドリ科の鳥はなにか？

日本近海には三種のアホウドリ科の鳥が生息する。アホウドリ、クロアシアホウドリ、コアホウドリだ。これらの鳥は日本列島周辺では伊豆諸島や小笠原諸島、尖閣諸島で冬季に繁殖し、夏季は北太平洋に広く分布する。そして、これらの島の近海と北太平洋や東シナ海で主に観察される。当時の人々がアホウドリ科の鳥を遺跡周辺で入手していたとすると、近年アホウドリ科が日本海やオホーツク海南部で観察されないのは、同科がこれらの海域に分布しなくなった結果と考えられる。それでは、日本海から消えたアホウドリ科の鳥はどの種なのだろうか？

当初は骨の計測値の多変量解析と、骨に標識点を設定して形態を比較する幾何学的形態測定からアホウドリ科の同定基準を作成し、遺跡から出土した骨の同定を試みた。しかし、いずれの方法でもうまく同定できない骨が出てきてしまう。そこで、前述の浜中2遺跡から出土した手根中手骨（二三点）からDNAを抽出して、分析することにした[21]。その手順は、①骨粉を約三〇〇ミリグラム削り取る、②DNAを抽出する、③ミトコンドリアDNAのチトクロームb領域の一部（一四三塩基対）をPCR法によって増幅する、④塩基配列を決定する、⑤現生のアホウドリ科各種の塩基配列と比較する、というものだ。その結果、PCRによるDNAの増幅に成功した一八点のうち、六点では現生の鳥島のアホウドリと同一の塩基配列、一二点ではこれと一塩基異なる塩基配列が検出された。後者は尖閣諸島の南小島と北小島のアホウドリで認められたものと同じであった。また、これらの塩基配列はコアホウドリとは三塩基以上、クロアシアホウドリとは四塩基以上異なっており、アホウドリのものと同定された。このことから、浜中2遺跡から出土したアホウドリ科の骨の多くはアホウドリのものであり、遺跡が利用された約一〇〇〇年前にこの種が礼文島周辺の日本海北部やオホーツク海南部に多数生息していたと考えられた。[21]

3－2 アホウドリは日本海やオホーツク海で繁殖していたのか？

現在、アホウドリの主な繁殖地は世界中で伊豆諸島の鳥島と尖閣諸島の南小島・北小島だけである（図3－5）。しかし、大規模な繁殖地での狩猟が始まる一九世紀末までは小笠原諸島や大東諸島、台湾周辺の島々など、太平洋や東シナ海の離島に一三か所以上の繁殖地があり、個体数も約六〇〇万羽いたと推定されている。[22,23] アホウドリ科の骨は前述の浜中2遺跡のほか、北海道北部や東部の日本海やオホーツク海沿岸の遺跡から多数出土している[24]（図3－5）。また出土した鳥類の骨に占めるアホウドリ科の骨の割合が七〇％以上と非常に高い遺跡も多い。このような話をすると、「昔は北海道周辺にもアホウドリの繁殖地があって、そこで狩猟されたのか？」とよく質問を受ける。遺跡から出土するアホウドリの骨を別の角度から分析すると、このような疑問にもある程度答えることができる。

一般に、鳥類の骨は成長が非常に早く、飛翔を開始するまでにはほとんどの骨の形成が完了するとされる。骨の形成が完了していないアホウドリの幼鳥の骨が遺跡から高頻度で出土すれば、遺跡を利用した人々が繁殖地で狩猟したことが推定できるだろう。また、産卵前後の雌鳥の骨中には、骨髄骨と呼ばれる骨ができる[25]。実際、二〇世紀初頭に捕獲されたアホウドリのものと推定される鳥島・子持山南斜面のアホウドリ科骨の集積場では、脛足根骨の約二〇％で骨髄骨が認められた[26]。一方で、前述の浜中2遺跡から出土した資料について検討した結果、アホウドリ科の骨はすべて骨の形成が完了しており、また髄腔の確認できた脛足根骨に骨髄骨は認められなかった。私の知る限り、他の北海道北部や東部の遺跡でも幼鳥の骨や骨髄骨を含む骨は報告されていない。このことから、当時もアホウドリは日本海北部やオホーツク海南部で繁殖しておらず、周辺海域は採食回遊時に利用されたと考えられた。浜中2遺跡から出土したアホウドリ科の骨には上腕骨や尺骨、橈骨などをヘラや針入れなどの道具に加工した痕跡や、初列風切羽を取り外した痕跡が認められたのに加え、烏口骨や大腿骨に肉を切り取った際や関節を解体した際についたと考えられる痕跡が認められた。したがって、アホウドリは食用にも用いられており、主に洋上で狩猟されたものと推定できるだろう[26]。

3-3　アホウドリは一種ではない？

この章では、ここまでアホウドリを一種の鳥として扱ってきた。しかし、私たちの最新の研究成果によって、これまで私たちが「アホウドリ」と呼んできた鳥には二種が含まれることが明らかになった[27]。

主に伊豆諸島の鳥島で繁殖する大型でがっしりとした嘴の種と、主に尖閣諸島で繁殖する小型で嘴の細長い種である。この結論に至る過程で、浜中2遺跡から出土したアホウドリの骨はきわめて重要な知見をもたらした。

伊豆諸島の鳥島で生まれたアホウドリの雛と尖閣諸島で採取した試料についてミトコンドリアDNA・制御領域2の塩基配列を分析した結果、大きく離れた二つの系統群（1と2）があることがわかった[28]。系統群1には鳥島の個体だけが、系統群2には尖閣諸島と鳥島の個体が含まれていた。系統地理学（第2章参照）の観点から、二つの大きく離れた系統群に属する個体が同所的に繁殖するパターンには二つの可能性が考えられる[29]。①長期間隔離されていた二つの集団が近年二次的に同居した場合と、②長期間存続した一つの大きな集団で偶然離れた系統が残っている場合である。私たちは、遺跡試料を分析して当時の集団構造を明らかにすることを通じて、二つの仮説の妥当性を検討した[30]。

浜中2遺跡から出土したアホウドリ科の骨の制御領域2を分析した結果、すべての骨がアホウドリの骨と同定され、系統群1と系統群2に属するものが認められた[30]。さらに、DNA解析に成功した試料の窒素と炭素の安定同位体比と手根中手骨の全長を二つの系統群間で比較すると、窒素の安定同位体比と骨の全長で有意な差が認められた。この結果は、別の系統群に属する個体は基本的にそれぞれ別の集団を形成していたことを示すと考えられた。なぜなら二つの系統群に属する個体が一つの大きな集団を形成していたのであれば、進化上中立と考えられる制御領域2の配列で二つのグループに分けた場合、グループ間で形態や生態に有意な差は生じないはずだからである[30]。遺跡試料の分析から、約一〇〇〇年前にアホウドリの種内に二つの集団があったと推定された。このことから、鳥島で認められた二つの系統群に属する個体が同所的に繁殖している現在の遺伝的構造は、①長期間隔離されていた二つの集団が近年二次的に同居した結果と考えられた。さらに、現在の分布から、鳥島集団の祖先集団は主に系統群1の個体から、尖閣諸島集団の祖先集団は主に系統群2の個体からなったと推定できる。

統合種概念（General Lineage Species Concept）では、種を「別々に進化してきたメタ個体群の系譜（separately evolving metapopulation lineage）」と定義する。[31] そして、様々な現代的種概念の定義特性である単系統性や形態的識別可能性、生殖隔離、生態的異質性などを種の分化の検証のための一連の証拠とみなす。近年の私たちの研究は、鳥島と尖閣諸島の集団が基本的に相互に単系統であり、[28] 体サイズは鳥島集団の方が大きく、嘴の形状は鳥島集団の方が頑丈で相対的に短いことを明らかにしてきた。[27] また、両集団に由来する個体が同所的に繁殖する鳥島のコロニーでは、両者がそれぞれ同類交配することも明らかになっている。[32] 両集団では繁殖時期に約二週間の違いが指摘されており、[33] さらに前述のように考古遺物の分析では窒素の安定同位体比に有意な差があり、食性にも違いがあったことがわかっている。[30]

鳥島と尖閣諸島の直線距離は約一七〇〇キロメートル。しかし、北太平洋を広く利用するこの鳥の移動能力を考えれば両集団を隔てる地理的障壁とはみなしがたい。実際、近年鳥島では尖閣諸島からの個体の飛来が確認されている。[32] それにもかかわらず、集団間の遺伝的距離は、形態形質からの識別も比較的容易なアホウドリ科の姉妹種間と同程度あるいはそれ以上に離れている。[34] また、両集団が分岐したのは、約六四万年前と推定される。[35] これらの理由から、現在私たちが「アホウドリ」と呼んでいる鳥には、主に伊豆諸島の鳥島で繁殖する大型の種と、主に尖閣諸島で繁殖する小型の種が含まれるとの結論に達した。[26] 私たちは前者を「アホウドリ」、後者を「センカクアホウドリ」と呼ぶことを提案している。この例は、絶滅が危惧される鳥類で初めてみつかった隠蔽種［注］の事例としても示唆に富むものと考えられる。

アホウドリ科の考古遺物の研究に端を発した一連の研究は、今後のアホウドリの保全の方向性を決定づける重要な数多くの知見をもたらしたといえるだろう。まさしく温故知新。考古学や歴史学が目指す、「故《ふる》きを温《たず》ねて新しきを知る」の好例と自負しているのだが、いかがだろうか？

4 おわりに

本章では、考古遺物である遺跡から出土した鳥の骨から、完新世の日本の鳥類について探った研究について紹介した。日本では一〇〇〇をはるかに超える遺跡から鳥の骨が出土し、報告されている。しかし、出土したほとんどの骨は科を単位に同定されてきている。そのため、バードウォッチャーの皆さんや鳥類研究者が求める、種を単位とした鳥類相はほとんど未解明のままである。アホウドリの例でみたように、古代ＤＮＡ解析は種同定のための有効な方法である一方、試料の破壊を伴う。ニワトリの例でみたような、比較骨学的方法による同定基準の作成にも努める必要がある。また、その基礎となる骨標本の作製・収集も急務である。鳥の羽は美しい。きれいな死体があったら剝製にしたいと願う博物館や研究者が多いのは理解できる。一方で、剝製にできないような死体だけでも、ぜひ骨標本にしていただければと切に願っている。

最終氷期以降、現代まで続く温暖期である完新世。その初期には大陸氷床の融解によって海面が一〇〇メートル以上急激に上昇した。特に気候最温暖期と呼ばれる約七〇〇〇～五〇〇〇年前には、現在より海水準が三～五メートル高かったとされる。その後、海面は緩やかに下降し、海水準は直近の二〇〇〇年ほどは比較的安定している。このような地球規模での環境変動の中で、鳥類の分布や生態は大きく変化してきたと考えられる。また、完新世は人類による環境の改変も行われてきた時代である。日本でも縄文時代以降の森林の伐採によって開けた草地が増加し、新たに都市環境が構築された。さらに、弥生時代に始まった湿地を改変した水田の造成は、新たな生息地と食物を鳥類に提供したと考えられる。ハシブトガラスやスズメなど現在都市環境を広く利用している種や、ガン類やツル類などの農地で採食する種は、人類の活動の影響で分布を拡大させてきた可能性がある。実際、水田農耕の盛んになる弥生時代になるとツル類の出土が増える傾向が指摘されている[36,37]。

遺跡から出土した骨を同定し、さらに骨の形態やDNA、組織、安定同位体比などを調べることで、当時の鳥類の分布や形態、集団構造、遺伝的多様性、食性などを復元できる[4]。一方、骨には加工や解体の痕跡が認められることもある。また、遺跡から出土した骨は人による選択の結果として遺跡に持ち込まれ、残されたものである。そのため、分類群による骨の出土量の違いや、骨の部位による出土量の多寡そのものも情報を持つ。様々な観点から得られた情報を組み合わせることで、その骨の持ち主であった個体について、またその個体が属していた集団や種、群集、生態系について、さらに当時の人類との関係についても考察できる。本章で取り上げたニワトリの研究事例は弥生時代という一つの時間断面を取り上げたもの、そしてアホウドリの研究事例は一つの遺跡から出土した骨を深掘りして分析していったものに過ぎないのだ。考古遺物から完新世の日本の鳥類を探る試みは、様々な意味でまだ始まったばかりである。

［注］一見同じ種のようにみえるため、従来、生物学的に同一種として扱われてきたが、実際には別種として分けられるべき生物のグループ。

【参考文献】

（1）横山浩一　一九七八　考古学とはどんな学問か　大塚初重・戸沢充則・佐原真編　日本考古学を学ぶ（一）：二―一一頁　有斐閣　東京

（2）Schulte P, Alegret L, Arenillas I, Arz JA, Barton PJ, Bown PR, Bralower TJ, Christeson GL, Claeys P, Cockell CS, Collins GS, Deutsch A, Goldin TJ, Goto K, Grajales-Nishimura JM, Grieve RA, Gulick SP, Johnson KR, Kiessling W, Koeberl C, Kring DA, MacLeod KG, Matsui T, Melosh J, Montanari A, Morgan JV, Neal CR, Nichols DJ, Norris RD, Pierazzo E, Ravizza G, Rebolledo-Vieyra M, Reimold WU, Robin E, Salge T, Speijer RP, Sweet AR, Urrutia-Fucugauchi J, Vajda V, Whalen MT & Willumsen PS（2010）The Chicxulub asteroid impact and mass extinction at the Cretaceous-Paleogene boundary. Science 327（5970）: 1214-1218.

（3）Eda M, Yamasaki T & Sakai M (2019) Identifying the bird figures of the Nasca pampas: An ornithological perspective. J Archaeol Sci Rep 26: 101875.
（4）江田真毅　二〇一九　遺跡から出土する鳥骨の生物学　「考古鳥類学」の現状と展望　日本鳥学会誌　六八：二八九―三〇六頁
（5）文化庁文化財第二課　二〇二〇　埋蔵文化財関係統計資料　令和元年度（オンライン）https://www.bunka.go.jp/seisaku/bunkazai/shokai/pdf/r1392246_13.pdf　参照二〇二〇年八月四日
（6）文化庁文化財部記念物課　二〇一七　埋蔵文化財関係統計資料　平成二八年度（オンライン）https://www.bunka.go.jp/seisaku/bunkazai/shokai/pdf/h29_03_maizotokei.pdf　参照二〇二〇年八月四日
（7）松井章　二〇〇八　動物考古学　京都大学学術出版会　京都
（8）Proctor, NS & Lynch PJ (1993) Manual of Ornithology: Avian Structure & Function. Yale University Press, New Haven.
（9）江田真毅　二〇一〇　人と動物の関わりあい　⑥鳥類　小杉康・谷口康浩・西田泰民・水ノ江和同・矢野健一編　縄文時代の考古学　四：一九八―二〇五頁　同成社　東京
（10）日本鳥学会編　二〇一二　日本鳥類目録　改訂第七版　日本鳥学会　兵庫
（11）江田真毅　二〇〇九　遺跡から出土した骨による過去の鳥類の分布復原　樋口広芳・黒沢令子編著　鳥の自然史――空間分布をめぐって　一：五五―七一頁　北海道大学出版会　北海道
（12）Lawler A (2015) *Why did the Chicken cross the world?* Gerald Duckworth & Co, New York.
（13）Wang M-S, Thakur M, Peng M-S, Jiang Y, Frantz LAF, Li M, Zhang J-J, Wang S, Peters J, Otecko NO, Suwannapoom C, Guo X, Zheng Z-Q, Esmailizadeh A, Hirimuthugoda NY, Ashari H, Suladari S, Zein MSA, Kusza S, Sohrabi S, Kharrati-Koopaee H, Shen Q-K, Zeng L, Yang M-M, Wu Y-J, Yang X-Y, Lu X-M, Jia X-Z, Nie Q-H, Lamont SJ, Lasagna E, Ceccobelli S, Gunwardana HGTN, Senasige TM, Feng S-H, Si J-F, Zhang H, Jin J-Q, Li M-L, Liu Y-H, Chen H-M, Ma C, Dai S-S, Bhuiyan AKFH, Khan MS, Silva GLLP, Le T-T, Mwai OA, Ibrahim MNM, Supple M, Shapiro B, Hanotte O, Zhang G, Larson G, Han J-L, Wu D-D & Zhang Y-P (2020) 863 genomes reveal

the origin and domestication of Chicken. Cell Res 30: 693-701.
(14) 江田真毅・井上貴央　二〇一一　非計測形質によるキジ科遺存体の同定基準作成と弥生時代のニワトリの再評価の試み　動物考古学　二八：二三―三三頁
(15) 江田真毅・安部みき子・丸山真史・藤田三郎　二〇一六　唐古・鍵遺跡第58次調査から出土した動物遺存体　田原本町文化財調査年報　二四：一一九―一三二頁
(16) 江田真毅・別所秀高・井上貴央　二〇一四　大阪府宮ノ下遺跡出土資料からみた先史時代の河内平野における鳥類利用　動物考古学　三一：二一―三二頁
(17) 江田真毅　二〇一八　弥生時代のニワトリ，再考　季刊考古学　一四四：四三―四六頁
(18) 西本豊弘　一九九三　弥生時代のニワトリ　動物考古学　一：四五―四八頁
(19) 江田真毅　二〇一六　家畜化に伴う骨形態の小進化と弥生時代のニワトリ　動物考古学　三三：四九―六一頁
(20) Ito S, Hori S, Hirose M, Iwahara M, Yatsushiro A, Matsumoto A, Tanaka M, Okamoto C, Yayou K-i, Shimmura T (2017) Involvement of circadian clock in crowing of Red Jungle Fowls (*Gallus gallus*). Anim Sci J 88: 691-695.
(21) Eda M, Baba Y, Koike H & Higuchi H (2006) Do temporal size differences influence species identification of archaeological albatross remains when using modern reference samples? J Archaeol Sci 33: 349-359.
(22) 長谷川博　一九七九　アホウドリ――その歴史と現状（Ⅰ）　海洋と生物　一：一八―二二頁
(23) 長谷川博　一九七九　アホウドリ――その歴史と現状（Ⅱ）　海洋と生物　一：三〇―三五頁
(24) Eda M & Higuchi H (2004) Distribution of albatross remains in the Far East regions during the Holocene, based on zooarchaeological remains. Zoolog Sci 21: 771-783.
(25) Simkiss K (1961) Calcium metabolism and avian reproduction. Biol Rev 36: 321-359.
(26) Eda M, Koike H, Sato F & Higuchi H (2005) Why were so many albatross remains found in northern Japan? Grupe G & Peters J (eds) *Feathers, Grit and Symbolism: Birds and Humans in the Old and New Worlds:* 131-140. Verlag Marie Leidorf GmbH, Rahden/Westfalen.
(27) Eda, M., T. Yamasaki, H. Izumi, N. Tomita, S. Konno, M. Konno, H. Murakami, and S. Fumio. 2020. Cryptic

species in a vulnerable seabird: short-tailed albatross consists of two species. Endang Species Res 43: 375-386.

(28) Kuro-o M, Yonekawa H, Saito S, Eda M, Higuchi H, Koike H & Hasegawa H (2010) Unexpectedly high genetic diversity of mtDNA control region through severe bottleneck in vulnerable albatross *Phoebastria albatrus*. Conserv Genet 11: 127-137.

(29) Avise JC (2000) *Phylogeography: the history and formation of species*. Harvard University Press, Cambridge.

(30) Eda M, Koike H, Kuro-o M, Mihara S, Hasegawa H & Higuchi H (2012) Inferring the ancient population structure of the vulnerable albatross *Phoebastria albatrus*, combining ancient DNA, stable isotope, and morphometric analyses of archaeological samples. Conserv Genet 13: 143-151.

(31) De Queiroz K (2007) Species concepts and species delimitation. Syst Biol 56: 879-886.

(32) Eda M, Izumi H, Konno S, Konno M & Sato F (2016) Assortative mating in two populations of Short-tailed Albatross *Phoebastria albatrus* on Torishima. Ibis 158: 868-875.

(33) 長谷川博　二〇〇六　アホウドリに夢中　新日本出版社　東京

(34) 江田真毅・樋口広芳　二〇一二　危急種アホウドリ*Phoebastria albatrus*は2種からなる!?　日本鳥学会誌　六一：二六三―二七二頁

(35) 江田真毅　二〇一八　伊豆諸島・鳥島のフィールド調査と北海道・礼文島の遺跡資料の分析から尖閣諸島のアホウドリを探る　水田拓・高木昌興編　島の鳥類学――南西諸島の鳥をめぐる自然史　七六―九四頁　海游舎　東京

(36) 新美倫子　二〇〇八　鳥と日本人　西本豊弘編　人と動物の日本史1　動物の考古学　二二六―二五二頁　吉川弘文館　東京

(37) 西本豊弘　一九九七　弥生時代の動物質食料　国立歴史民俗博物館研究報告　七〇：二五五―二六五頁

コラム
2

古代美術の鳥

黒沢令子

先史時代の人々の鳥類に対する観念を探るために、鳥をかたどった人工遺物を調べた。縄文時代の鳥をかたどった製品には、能登半島の東海岸に位置する石川県の真脇遺跡（縄文時代中期：紀元前三〇〇〇〜二〇〇〇年頃）から出土した鳥形土器がある[1]（図A①）。また、宮城県仙台湾周辺の沼津貝塚（同中期）で発見された鹿角製の角器は、約二六センチメートルと長いので、儀仗的な装身具であろうと考えられている（図A②）。縄文時代には鳥のモチーフは少なく[3]、シカ・イノシシなどの哺乳類や、カメやヘビ・カエルなどの両生爬虫類が多かった。

弥生時代には、鳥形の木製品や土製品、鳥の絵が刻印された銅鐸などが知られている。例えば、図B①は大阪府の池上＝曽根遺跡出土の木製品（弥生時代中期：紀元前二世紀）で、胴体に穴があけられており、竿の先端に取り付けられていた可能性が指摘されている。首が長い形から、ガンまたはカモを表わすと推定されている。図B②は兵庫県桜ヶ丘遺跡出土の銅鐸（同中期：一世紀）に描かれた長脚の鳥である。浅い水辺で魚を捕らえる行動や、関節のある足を表現するなど

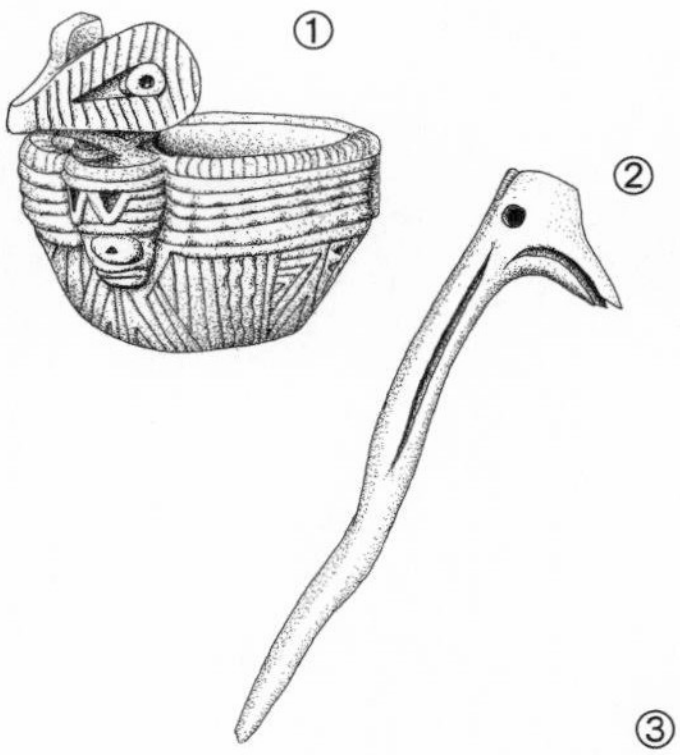

図Ａ　縄文時代の鳥をかたどった製品（文献１より描く）
①中期（紀元前3000～2000年頃）。土器（石川県真脇）高さ9.2cm。
②中期。鹿角器（宮城県沼津貝塚）長さ25.9cm。

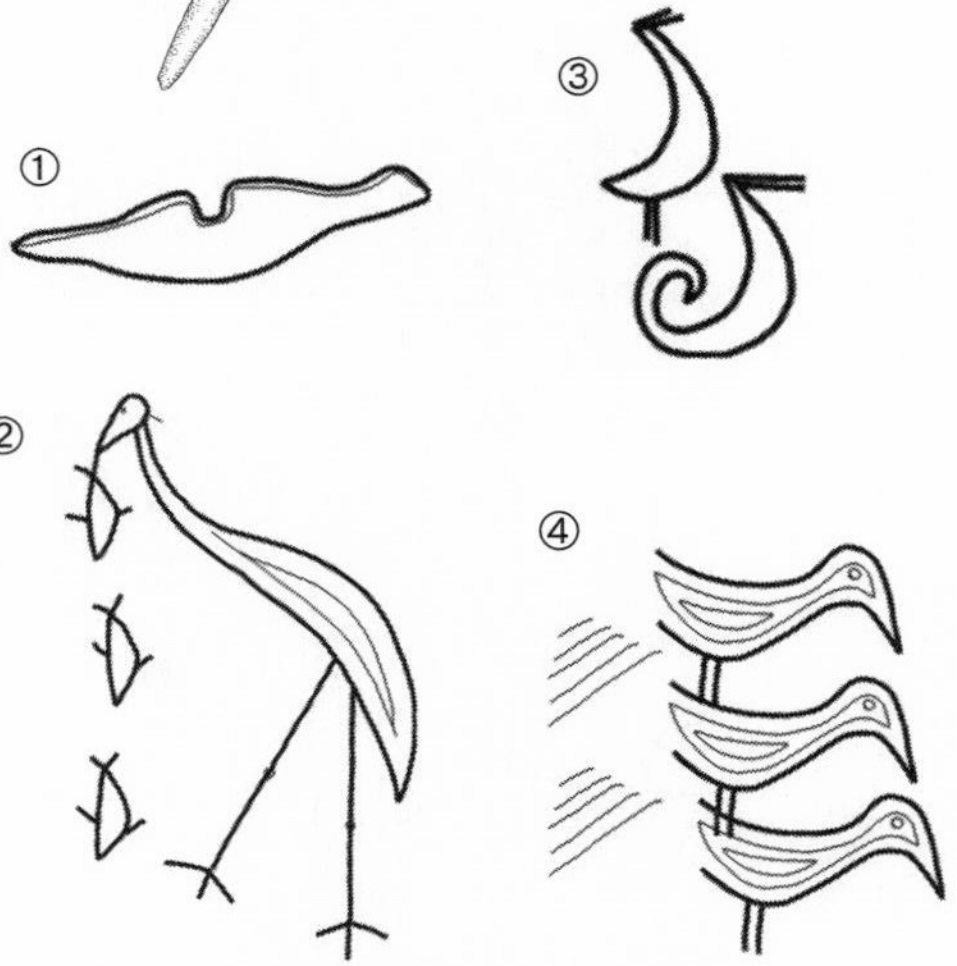

図Ｂ　弥生時代の鳥をかたどった製品（文献２より描く）
①中期（紀元前２世紀）。首が長めな鳥形木製品。ガンまたはカモか（大阪府池上＝曽根）。
②中期（１世紀）。銅鐸の絵。魚を咥える長頸長脚で足関節のある鳥。サギか（兵庫県桜ヶ丘）。
③後期（２世紀）。銅鐸の絵。鳴く２羽の長頸長脚の鳥。ツルか（滋賀県大岩山Ⅰ－２号）。
④後期（２～３世紀）。土器の紋様。短頸の水鳥、目が描かれているのは、警戒か、魔よけなどか（鳥取県中峯）。

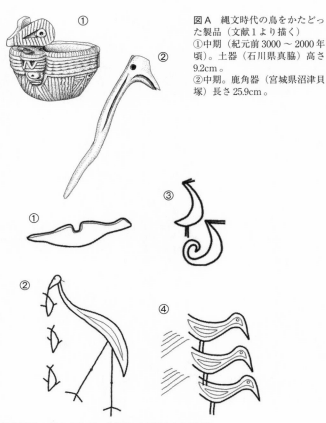

写実的である。サギ、またはツルとする説がある。図B③は滋賀県大岩山遺跡出土の銅鐸（同後期：二世紀）に描かれた首の長い鳥である。二羽の鳥が鳴いている様子が描かれており、ツル類で顕著な鳴き交わしの行動を表わすと考えられている。図B④は鳥取県の中峯遺跡で出土した土器（同後期：二～三世紀）に刻印されていた絵で、短頸の鳥が水辺に群れている光景を感じさせる。目が描かれているのは、警戒や魔よけのためという説もある。

古墳と呼ばれる大きな墳墓が三世紀後半から七世紀頃にかけて建造されると、そこに配置される埴輪が作られるようになった[4]。埴輪は初期の三世紀中頃には壺や円筒形の器台などの食料供献具から始まり、やがて専用の祭具になったものと考えられている[4]。動物埴輪には、牛馬などの農耕用の役畜やイノシシ・シカなどの狩猟対象の哺乳類とともに鳥のモチーフも数多く登場した。鳥形は四世紀の中頃に登場し、六世紀の中頃まで見られた。

賀来[5,6]によれば、埴輪には少なくとも五タイプの鳥が登場しており、ニワトリ（約四〇〇例）、水鳥（約一五〇例）、ウ（約二〇例）、ツルあるいはサギ（約一〇例）、タカ（数例）が確認されている。鳥のタイプ別に出現時期を見ると、最初期は四世紀半ばの京都府平尾城山古墳で出現したニワトリ型埴輪だった。図C①の福岡県津古生掛古墳（古墳時代前期：四世紀）出土の鳥形土器は、奈良県纒向遺跡出土の鳥形埴輪と酷似しており、りっぱな鶏冠を持つ雄鶏をかたどっている[4]。次いで水鳥形は大阪府津堂城山古墳（同前期：四世紀末）で見られた[4]。図C②は同古墳出土の水鳥形埴輪で、別の粘土板で作った翼と尾が取りつけられており、写実性へのこだわりがみら

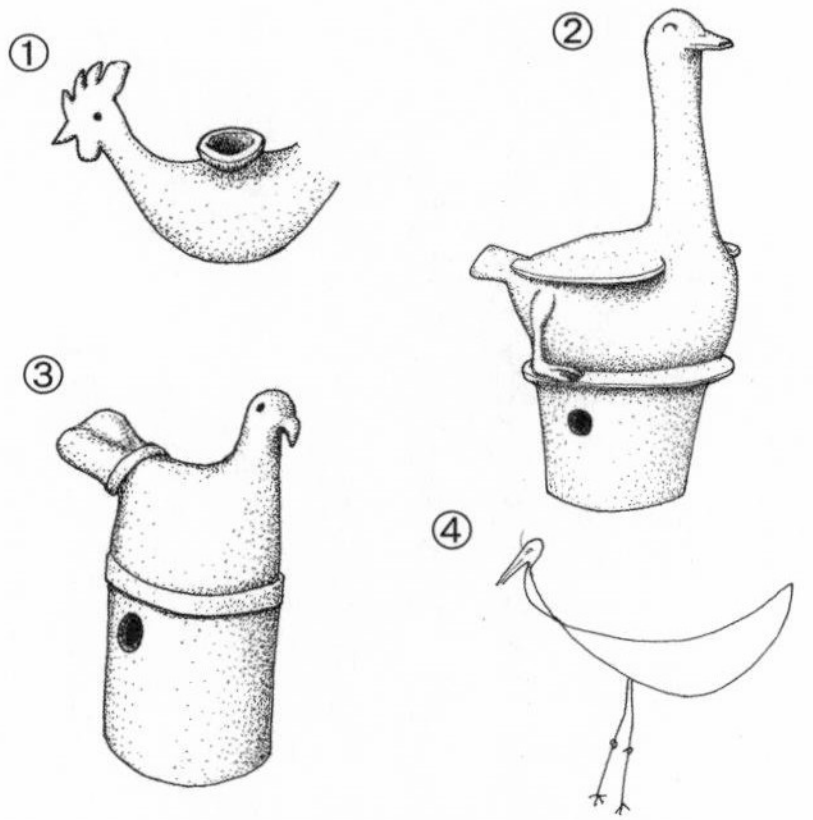

図C　古墳時代から奈良時代の製品（①〜③文献4より描く、④文献2より描く）
①4世紀　鶏冠のある鳥形土器。雄鶏（福岡県津古生掛）。
②4世紀末　長頸の水鳥形埴輪。ハクチョウ（大阪府津堂城山）。
③5世紀後半　鉤型の嘴をした鳥形埴輪。タカか（福島県原山1号）。
④8世紀　長頸長嘴長脚の鳥の線刻。隼人の盾（奈良県平城京跡）。

れる。水鳥の中でも特に白鳥は、魂を天に運ぶ役割を帯び、葬送の役割を与えられた鳥とされていた[4,7]。五世紀になると、人物埴輪とともにウ型や、タカ型も出現し、鵜飼や鷹狩の場面を表わすものと考えられた[5]。図C③は福島県の原山一号墳（同中期：五世紀後半）出土の埴輪で、下に湾曲した嘴と尾に紐らしき帯の表現があることから、鷹狩用のタカと考えられている[4]。相撲をとる武人や音楽を奏でる人などと一緒に出土しており、文化的ステータスの高い人物の葬送を表わしているようだ。なお、この埴輪は尾羽などに鶏形の要素を併せ持つことから、複写を重ねた結果で写実性が失われているという説もある[5]。ツルかサギ型の登場はさらにそれ以後の時期になる。その他に古墳時代の末期には、石室の壁に描かれた朱雀の絵柄も見つかっている。ニワトリやキジなど多くの鳥の特徴を併せ持ち鳳凰《ほうおう》に似た姿は、実在の鳥を表わすものではなく、中国の影響による架空の神獣（鳥）のようである。(8)

図C④は八世紀の奈良時代に、平城京跡で見つかった隼人の木製盾の裏側に刻まれていた線刻画である。長頸で脚の長いところから、ツルかサギのような水鳥と思われる。上層階級ではない庶民の絵と考えられるので、この時代になると鳥の絵を描く文化が庶民階級にまで到達した事例なのかもしれない。(2)

このように見ると、縄文時代には鳥はモチーフに取り入れるほどの文化上の重要性はなかったが、弥生時代には重要性が増し、特に銅鐸には首と脚と嘴が長い水辺の鳥形のモチーフが多く登場した。また、古墳時代の埴輪には、ステータスを表わすニワトリや貴人の魂を運ぶという象徴的な水鳥のモチーフが多く登場した。日本という地域に暮らした人々にとっても、時代や文化によって、鳥に対するイメージは変容しながら多様化を遂げたようである。

【参考文献】
（1）藤沼邦彦　一九九七　縄文の土偶　講談社　東京
（2）佐原真・春成秀爾　一九九七　原始絵画　歴史発掘5　講談社　東京
（3）白石哲也　二〇一六　弥生時代における鳥形土製品の役割　古代　一三九：一一三—一三六頁

(4)石野博信・岩崎卓也・河上邦彦・白石太一郎編　一九九八　古墳時代の研究 第2版　雄山閣出版　東京
(5)賀来孝代　二〇〇二　埴輪の鳥　日本考古学　九(一四):三七—五二頁
(6)賀来孝代　二〇一五　酉　設楽博己編著　十二支になった動物たちの考古学　一三三—一四六頁　新泉社　東京
(7)かみつけの里博物館　一九九九　鳥の考古学(第五回特別展)かみつけの里博物館　群馬県群馬町
(8)江田真毅・建石徹　二〇一七　キトラ古墳壁画:朱雀　動物考古学　三四:九三

2

文化資料から探る日本の鳥

江戸時代には動植物についての博物学的知識が飛躍的に進展した。現代人が認める鳥類の顔ぶれを、江戸時代の人はどのくらい認識していたのだろうか。

四〇〇種以上を描いた鳥類図譜から現代との相違を読み解き、さらに高雅で上流階級に好まれたツル類をテーマに、同定方法から過去の分布までを探る。

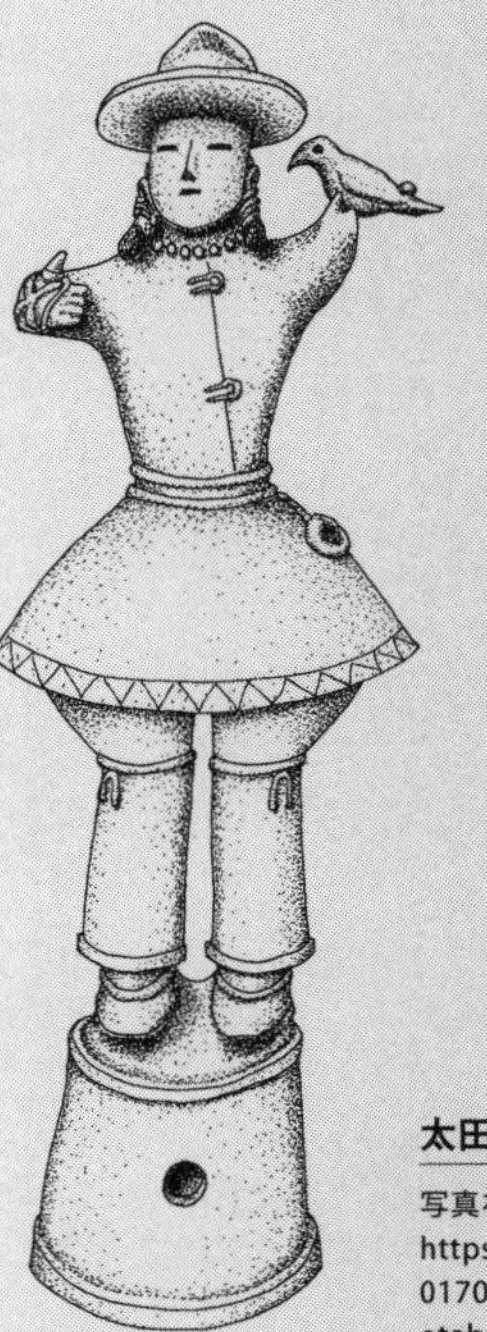

太田市オクマン山古墳出土の鷹匠埴輪

写真をもとに描く。Reiko Kurosawa
https://www.city.ota.gunma.jp/005gyosei/0170-009kyoiku-bunka/bunkazai/otabunka26.html

第4章

絵画資料からみる江戸時代の鳥類
——堀田正敦『観文禽譜』を例にして

山本晶絵・許開軒

江戸時代には、本草学を母体とする独自の博物学が展開した。その背景には、寛永一六（一六三九）年以降の幕府による鎖国がある。鎖国以前は、薬効のある動植物やそれに関する情報を中国等の諸外国から得ていたが、鎖国により諸外国から流入する情報が著しく制限されるようになった。本草学者たちは、鎖国以前にもたらされた李時珍の『本草綱目《ほんぞうこうもく》』(1)［注1］等を手がかりに、薬効のある動植物を求めて国内のフィールドに出向き、情報を集めた。

さらに、享保の改革（一七一六年）における財政政策も、この動きを強く後押しした。節約のために自給自足の強化が目指され、各地で産物資源の調査が進んだのである。この流れの中で、薬効の有無にかかわらず、自然物を広く網羅的に記録する動きが出てきた。薬効のない植物はもちろんのこと、昆虫や爬虫類や両生類、魚類や哺乳類、鉱物や雪の結晶に至るまで、様々な自然物が「研究」の対象とされ、その成果は今日の図鑑によく似た形式である「図譜」としてまとめられた。典型的な図譜は、自然物を描いた絵画とその説明文で構成されるものであった。

鳥類も例外ではなく、多くの図譜が今日に伝わっている。なかでも、量・質の双方において圧倒的な内容を誇るとされているのが、江戸幕府で約四〇年にわたって若年寄を務めた堀田正敦（一七五五［五八とも］～一八三二）の『観文禽譜《かんぶんきんぷ》』[2、3、4]［注2］である。現在の鳥類学的観点から種を同定できるほどの詳細な記述および描写から、「解説つきの鳥類図譜として第一級のもの」[5]「江戸鳥学の到達点」[6]と評価されている。

『観文禽譜』のような図譜に限らず、江戸時代に描かれた絵巻物や屏風絵等の絵画には、様々な鳥が描かれている。これまでにも、絵画に描かれた鳥の種の同定を試みる研究は行われてきたが、方法論が確立されていないという課題があり[7]、江戸時代の絵画資料［注3］を活用した鳥類研究は、幅広くは展開されてこなかった。資料として高く評価される『観文禽譜』でさえも、資料紹介あるいは記述・図の断片的な活用に留まることが多く、総合的・体系的な研究は最近まで行われてこなかった[8]。確かに、鳥類学研究室で歴史資料の扱い方・読み方を学ぶことはないし、歴史学研究室で鳥類の生態を学ぶこともない。鳥類研究に絵画資料を活用する、といっても、目的（何を明らかにできるのか）と手法（どのように資料を活用するのか）がイメージされにくいのではないだろうか。

本章では、『観文禽譜』を通して、鳥類研究に絵画資料――特に図譜を活用する一事例を提示したい。具体的には、『観文禽譜』に描かれた鳥に着目し、種を同定できるものの割合、鳥類名称の現和名との異同、描かれた鳥の全体像を明らかにすることを試みる。なお、本章中の図はすべて『観文禽譜』による。

1　『観文禽譜』に描かれた鳥の同定

1-1　様々な『観文禽譜』

まず初めに、『観文禽譜』の所蔵機関について触れておきたい（表4-1）。『観文禽譜』は、東京国立博物館、国立国会図書館、国立公文書館、山階鳥類研究所、宮城県図書館等に所蔵されるが、各機関の『観文禽譜』がまったく同一のものではない点に留意する必要がある。江戸時代には現在のような複写技術がなかったため、「コピー」を作成しようとすると、手書きで写していくしか方法がなかった。写しを重ねたものほど、原本との間に差が生じている可能性が高いと考えられ、また、長い年月の中では、虫損・劣化や部分的欠落も避けられない。

『観文禽譜』の場合は、解説文・図譜ともに宮城県図書館のもの（以下、仙台本）がもっとも完全版に近いと考えられている。他の写本と比べてもっとも新しい年号の記述がみられること、そして、図がもっとも多く残存していることが理由である。仙台本になく、他の写本に残る記述や図もあるものの、各写本から得られる情報で仙台本を補完し、『観文禽譜』を再構成すると、項目数は三七四、図の総数は一二四二［注4］、確認できる種数は四三八（亜種および雑種を除く）にものぼる。(6)『本草綱目』禽部の

表４－１　『観文禽譜』の主な所蔵機関
鈴木[6]および伊藤・近世歴史資料研究会[2]をもとに筆者作成。

	解説文	図譜
東京国立博物館	『観文禽譜』 巻上欠、２冊	『堀田禽譜』 大型禽譜６帖、小型禽譜４帖
国立国会図書館	伊藤文庫：『観文禽譜』 ６巻７冊	―
国立公文書館	内閣文庫：『観文禽譜』 ３巻６冊	―
山階鳥類研究所	―	『鳥類之図』 巻子本（25図）
宮城県図書館	養賢堂文庫：『観文禽譜』 12冊	伊達文庫：『禽譜』 大禽譜６帖、小禽譜４帖、 巻子本３巻
西尾市岩瀬文庫	『観文禽譜』５冊	―
杏雨書屋	『観文禽譜』６巻７冊	―
大東急記念文庫	『観文禽譜』抄本、１冊	―
東洋文庫	『観文禽譜』３冊	―

七四という項目数と比較しても、『観文禽譜』がいかに大きな進展を遂げたのかがわかるだろう。(8) なお、言うまでもなく、「四三八」という種数を導き出すことができたのは、種の同定に足る生物学的情報が豊富にあるためである。

1－2　描かれた鳥の同定を行った研究

『観文禽譜』に描かれた鳥について、網羅的に種の同定を行った研究が二件ある。それぞれについて、簡単に説明しよう。

①菅原浩・柿澤亮三編著『図説 鳥名の由来辞典』柏書房、二〇〇五年(5)

菅原・柿澤は、奈良〜明治時代の約一四〇の文献資料に登場する鳥類名称を辞典形式にまとめた。古名が五十音順に並べられており、索引を使えば、現和名から古名を確認することもできる。菅原・柿澤も指摘するように、「鳥名の変遷を辿る場合に、各時代の鳥名が、どの現代名に対応するかという鳥名の同定が、重要な、また困難な問題」となる。古代であれば和歌で詠まれる季節・情景や鳥の行動、中世であれば古辞書の断片的な記述を手がかりに同定を進めたという。江戸時代の文献資料については、「鳥の形状記載の相当に詳しいものがあり、それらについては現在の鳥類学者の解釈で同定できるものがかなりある」と評価している。資料編には、『観文禽譜』を含む四六の図譜に描かれた鳥の種の同定結果がまとめられている。

②堀田正敦著、鈴木道男編著『江戸鳥類大図鑑』平凡社、二〇〇六年⑥

鈴木は、もっとも完全版に近いと考えられる仙台本をベースに、欠落箇所を他の写本等から補い、『観文禽譜』を再構成した。もともと、『観文禽譜』は解説文と図譜が別資料として伝わっているが、解説文の各項目に図を紐づける形式に編集されている。正敦による解説文の現代語訳に加え、鈴木自身の解説および描かれた鳥の種の同定結果も記載されている。

いずれも、『観文禽譜』に描かれた鳥の種の同定を試みた点では同じだが、菅原・柿澤⑤は東京国立博物館のもの（以下、東博本）をベースに欠落部分を仙台本で補う形式をとり、鈴木⑥は仙台本をベースに欠落部分を東博本で補う形式をとる。なお、仙台本でも東博本でも欠落している「水禽上」については、両者とも山階鳥類研究所に所蔵される『鳥類之図』の二五図を参照している［注5］。本章では、この三つの図譜を検討の対象とする。

1-3　同定結果の一致率

『観文禽譜』に描かれた鳥のうち、種を同定できるものはどのくらいの割合にのぼるのだろうか。菅原・柿澤⑤も鈴木⑥も、ごく一部の図については同定結果を「不明」としているものの、ほぼすべての図に対して何らかの見解を示している。したがって、ここでは両者の同定結果の一致率を求めることで、同

表4－2　同定結果の一致率（見出し数および図の総数は、鈴木[6]より算出した）

	見出し数	図の総数	菅原・柿澤[5]と見解が一致するもの（件）	一致率（%）
水禽	192	214	143	67%
原禽	188	320	220	69%
林禽	225	389	274	70%
山禽	63	106	73	69%
異邦禽小鳥	66	93	47	51%
小計	734	1122	757	67%

定結果の確度を可視化することを試みた。

仙台本の方が完全版に近いことを踏まえ、鈴木[6]の同定結果から菅原・柿澤[5]と見解が一致するものを抽出すると、表4－2の結果となった。全体としては、鈴木[6]に掲載される一一二二点［注6］の図のうち、七五七点で同定結果が一致した（一致率：六七％）。『観文禽譜』に描かれた鳥は、生息環境に応じて水禽・原禽・林禽・山禽に分類され、外国産の小型鳥類は異邦禽小鳥として別にまとめられている。各パートに収録される鳥の例としては、水禽ではツル、コウノトリ、カモ、カモメ、原禽ではキジ、クイナ、ツバメ、スズメ、林禽ではカラス、ハト、キツツキ、モズ、山禽ではワシタカ、フクロウ、異邦禽小鳥ではインコ、オウム等が挙げられる。異邦禽小鳥のみ、一致率が五一％と相対的に低いものの、その他は約七〇％の一致率であった。なお、種は一致しないものの属までは一致した事例を追加すると、全体の一致率は七四％となる（内訳：水禽二三件、原禽一〇件、林禽二四件、山禽五件、異邦禽小鳥一二件）。

『観文禽譜』は確かに、同時代の鳥類図譜と比較すると図も精緻であるし、解説文の記述も詳しい。しかし、それでも菅原・柿澤[5]と鈴木[6]の同定結果は完全には一致しなかった。この背景には、ベースとされた写本の違いに加え、やはり、図の解釈の難しさがあると考えられる。これは、描き手が生きた鳥を目の前にして描いたものばかりでなく、他の図から転写したものもあるためである[7,9]。その結果、実際の鳥とは似ていない図が描き上がってしまったのだろう。

描かれた鳥と一口にいっても、「誰が見ても種は一目瞭然」というものばかりではないのである（図4−1、口絵❹）。この点を踏まえ、描かれた鳥の種を同定するにあたっては、様々な可能性を検討する必要がある。例えば、同時代の他の資料からも情報を集め、記述や描写を比較してみることは、一つの有効な手段である。

図4−1　水禽「ピングイン」
菅原・柿澤[5]はペンギン類、鈴木[6]はキングペンギンと同定した。『禽譜』宮城県図書館所蔵。

2　『観文禽譜』における鳥類名称の現和名との異同

2−1　現和名との一致率

鳥に関する情報を文献資料に求める際、我々はほぼ間違いなく、鳥類名称を念頭に置いて資料を読み進めている。例えば、カラスに関する情報が欲しいのであれば「からす」等の単語を、フクロ

図4－2　山禽「らいてう」
菅原・柿澤[5]、鈴木[6]ともにライチョウと同定した。『禽譜』宮城県図書館所蔵。

ウに関する情報が欲しいのであれば「ふくろふ」等の単語を資料中に見出そうとする。また、該当する記述を見つけたとして、さらにその種を同定しようと思ったら、まずはおそらく、記載された名称を手がかりとするだろう。では、現在の鳥類名称に関する知識は、文献資料上の鳥の種の同定に、どのくらい通用するのだろうか。

ここでは、江戸時代の鳥類名称が現和名とどのくらいの割合で一致するのかを検討した。具体的には、菅原・柿澤[5]と鈴木[6]の同定結果が一致した七五七件の図を対象に、各図に付された鳥類名称と同定結果の現和名を比較し、一致するものを抽出した。例えば、水禽の「こふ」―コウノトリ、「ひどりがも」―ヒドリガモ、「うみすゞめ」―ウミスズメ、原禽の「やまとり」―ヤマドリ、「ひくひな」―ヒクイナ、「小じゆりん」―コジュリン、林禽の「こくまるがらす」―コクマルガラス、「じやうひたき」―ジョウビタキ、「大もず」―オオモズ、山禽の「雷鳥、らいてう」―ライチョウ、「のずり」―ノスリ、「白ふくろふ」―シロフクロウ、

表4-3　江戸時代の鳥類名称と現和名との一致率

	菅原・柿澤(5)と見解が一致するもの（件）	現和名と一致するもの（件）	一致率（%）
水禽	143	60	42%
原禽	220	83	38%
林禽	274	112	41%
山禽	73	40	55%
異邦禽小鳥	47	13	28%
小計	757	308	41%

異邦禽小鳥の「キンハラ」―キンパラ、「碧鳥」―ヘキチョウ等が挙げられる（図4-2、口絵❺）。

結果は表4-3のとおりであり、江戸時代の鳥類名称のうち、現和名と一致したものは七五七件中三〇八件であった（一致率：四一%）。山禽のみ五五%と半数を超えたものの、水禽・原禽・林禽は四〇%前後、異邦禽小鳥は外国産の鳥類が外国語をもとにした名称で記載される事例が多いこともあり、二八%という結果だった。現在、我々は鳥を種ごとに名付け、呼び分けているが、それが江戸時代の文献資料を読み解く際の手がかりになるかといえば、必ずしもそうでないことがわかる。資料上の名称のみをもって種を同定することができない事例も多くあるため、種の同定にあたっては、周辺の記述や図、あるいは他の資料も参照しながら、総合的に判断する必要があるのだ。

2-2　江戸時代の鳥類名称

江戸時代の文献資料から名称と種の一対一の対応関係を見出すことが難しいのは、我々が「一種」と数えるものを複数の名称で呼び分けているもの、逆に、ある一つの名称に複数の種が紐づいているものがあるためである。

前者としては、例えばミコアイサは「みこあいさ」の他に「きつねあいさ」「ぼんてんあいさ」「カコハシロ」「カコアイサ」「ハコアイサ」「ヒメアイサ」「嶋あぢ」等の名称が、アホウドリは「アホウドリ」の他に「うみう」「あねこどり」「ヲキノタユウ」「バカトリ」「沖のぞう」「ダイナンカモメ」「シラブ」等の名称が、オオタカは「おほたか」の他に「わかたか」「黄鷹」「かたかへり」「山かへり」「せう」等の名称がみられた。理由としては、当時は鳥類名称がそれほど標準化されておらず、全国に多様な方言があったためと考えられる。また、我々が現在「一種」と数えているものが、より細かく呼び分けられていたことが明らかになっている鳥もいる。例えば、ワシタカ類は鷹狩や矢羽への利用といった点で武家社会と密接な関わりがあり、年齢等によって呼び分けられていたことが知られている［注7］。

後者の、一つの名称に複数の種が紐づいているものとしては、例えば「翡翠」はカワセミと読むが、「翡翠」の同定結果にはカワセミの他に、ヤマショウビンやアカショウビンもみられた。また、「白げら」の同定結果にはアカゲラとアオゲラが含まれていた。江戸時代においても現在と同様、情報を得やすい鳥とそうでない鳥がいたことがうかがえ、情報を得にくかった鳥ほど、記述内容に揺らぎが生じていると考えられる。

文献資料に何らかの鳥に関する記載があった際、それが現和名とまったく異なる名称で、特定の種と容易に結びつけられなければ、多くの読み手は疑問に思い、調べるだろう。しかし、文献資料を読み解くにあたっては、種を連想しやすい名称であっても、慎重に扱う必要がある。表4－4は菅原・柿澤[5]と

表4－4　現在と異なる種を指す江戸時代の鳥類名称
左：図に付された鳥類名称、右：同定結果

水禽	
黒づる	ナベヅル
鴇	ノガン
黒かも	カルガモ
くろ鴨、くろとり	ビロードキンクロ
つくしがも、高麗たかべ	シマアジ
嶋あぢ	ミコアイサ
しまあぢ	コオリガモ
ほし羽白	シノリガモ
すゞかも	ホオジロガモ
かもめ	ユリカモメ
わしかもめ	オオミズナギドリ
うみう、あねこどり、ウミウ、ヲキノタユウ、バカトリ	アホウドリ

原禽	
竹鶏（てつけい）	コジュケイ
姫くひな	シマクイナ
はしながしぎ	ハマシギ
朝鮮せきれい、沙雲雀	キタツメナガセキレイ
朝鮮びんずい、砂ひばり	ムネアカタヒバリ
雲雀（うんじやく）、叫天子	カンムリヒバリ
告天子	クビワコウテンシ
雲雀	ヒメウズラ
かさきりつばめ、一足てう、岩つばめ	アマツバメ
しまきじ	シマアオジ
紅のじこ、檀香鳥	シマノジコ
やつかしら	シロハラホオジロ
かやくゞり	ノビタキ
嶌えなが	エナガ

林禽	
燕鳥、こくまるがらす	セグロアジサシ
山からす、みやまがらす一種	ルリカケス
頭黒いんこ	ズグロゴシキインコ
ひいんこ、緑翅紅鸚哥	ショウジョウインコ
青蓮鸚鵡、だるまいんこ、大紫いんこ	オオハナインコ
れんじやくばと	ドバト
おほむしくひ	ツツドリ
てらつゝき、あかけら	オオアカゲラ
さめちう、さめびたき	エゾビタキ
紅ましこ　別種	ギンザンマシコ
ふがはり萩ましこ、白はぎましこ	ユキホオジロ
はぎとり、岩すゞめ	イワヒバリ
大河原ひは	カワラヒワ
子規	シジュウカラ
五十から	コガラ
あかはら	シロハラ

山禽	
やまとり、雷鳥一種	エゾライチョウ
さしば	チョウゲンボウ

異邦禽小鳥	
キンハラ	ヘキチョウ
ダンドク	ギンパラ
従姉妹一種	セイコウチョウ

図4－3　水禽「うみう」
菅原・柿澤[5]はアホウドリの幼鳥、鈴木[6]はクロアシアホウドリと同定した。
『禽譜』宮城県図書館所蔵。

鈴木[6]の同定結果が一致した図に付された名称のうち、現在と異なる種を指していた事例をまとめたものである。
つまり、「鴇」がトキではなくノガン、「うみう」がウミウではなくアホウドリ、「姫くひな」がヒメクイナではなくシマクイナ、「おほむしくひ」がオオムシクイではなくツツドリ、「さしば」がサシバではなくチョウゲンボウ、と同定された事例がある。なかには比較的気付きやすいものもあり、例えば「はしながしぎ（現在のハマシギ）」や「紅のじこ（現在のシマノジコ）」であれば、鳥の生態に詳しい人なら、これらが本当にハシナガシギ（南米に生息）なのか、ベニノジコ（マダガスカルに生息）なのかと一歩立ち止まって検討できるだろう。しかし、鳥の生態にそこまで詳しくない人であれば、「江戸時代には、ハシナガシギやベニノジコがいたのかもしれない」と結論づけてしまう可能性もある。疑念を抱きにくい例であれば、鳥の生態に詳しい人であっても、資料に記載された名称のままに種を解釈してしまうこともあ

表４－５　在来種・非在来種の内訳
『日本鳥類目録 改訂第７版』(10)で自然分布種とされているものを在来種とした。

	在来種（件）	非在来種（件）
水禽	131	12
原禽	158	62
林禽	205	69
山禽	66	7
異邦禽小鳥	12	35
小計	572	185

るかもしれない。文献資料を扱うにあたっては、まずは記載された鳥が何なのかについて、事例ごとに検討する必要がある（図４－３、口絵❻）。

３　『観文禽譜』に描かれた鳥

３－１　在来種と非在来種

ここでは、『観文禽譜』にどういった鳥が描かれているのか、その全体像を検討する。具体的には、菅原・柿澤(5)と鈴木(6)の同定結果が一致した七五七件について、『日本鳥類目録 改訂第七版』(10)で自然分布種とされているものを在来種、そうでないものを非在来種［注８］としてそれぞれの件数を数えた。

結果は表４－５のとおりであり、全体として在来種は五七二件（全体に占める割合：七六％）、非在来種は一八五件であった（同：二四％）。各パートに占める在来種の割合がもっとも大きいのは水禽で九二％、次いで山禽で九〇％、以下、林禽で七五％、原禽で七二％、異邦禽小鳥で二六％となった。

なお、外国産の小型鳥類を収録したとされる異邦禽小鳥においても一二件一〇種の在来の鳥が確認された（ノゴマ、ベニヒワ、シマノジコ、シロガシラ、アトリ、ズグロチャキンチョウ、ヒメコウテンシ、キビタキ、シラヒゲウミスズメ、ヤツガシラ）。これらの多くは、江戸時代においても現在と同様、本州ではみられない鳥であったために、異邦禽小鳥に収録された可能性が推察される。しかし、例えば異邦禽小鳥の「珠頂紅」―ベニヒワの項目には、「説明は『林禽』のベニヒハの項目に詳しい(6)」といった説明があり、正敦が「ベニヒハ」と同一の鳥であることを認識していながら、「珠頂紅」をあえて異邦禽小鳥に収録した可能性も考えられる。また、キビタキが本州であまり見かけられない鳥だったのかということにも、疑問が残る。文献資料中の分類や記述を手がかりに、さらに背景を探っていけば、これらの鳥が異邦禽小鳥に収録された理由を明らかにすることができるかもしれない。

非在来種には、家禽種（アヒル、ニワトリ）や外来種（コジュケイ、テッケイ、コウライキジ、オオホンセイインコ、ダルマインコ、ガビチョウ、ソウシチョウ、ハッカチョウ、ベニスズメ、キンパラ類、ヘキチョウ、ブンチョウ）の他、鎖国下の限定的な交易の中で外国からもたらされたと考えられる鳥がみられた。例えば、「からくん」―シチメンチョウ、「ポルポラアト」―ホロホロチョウ、「ゴローンホウゴル」―カンムリバト、「海難鶏」―セイケイ、「ほうごらう」―ダチョウ、「ピイニス」―コウヨウジャク、「フリンギルラ」―ゴシキヒワ等が挙げられる。これらはまだ外国語寄りの名称だが、「あをがん」―アオガン、「はくかん」―ハッカン、「錦鶏」―キンケイ、「尾長きじ」―オナガキジ、「ふう鳥」―オオフウチョウ、「ひよくの鳥」―ヒヨクドリ、「孔雀」―マクジャク、「せいらん」―セイラン、「火

図4－4　左：原禽「ちやほ」
菅原・柿澤[5]、鈴木[6]ともにニワトリ（チャボ）と同定した。江戸時代以降、多数の品種が作出された。日本に特有の畜養動物として、天然記念物に指定されている。『禽譜』宮城県図書館所蔵。
右：林禽「ふう鳥」
菅原・柿澤[5]、鈴木[6]ともにオオフウチョウと同定した。天明8（1788）年、朝貢に訪れたオランダの医師がこの鳥を持参したという記録が残っている。『禽譜』宮城県図書館所蔵。

鶏、ひくひとり」―ヒクイドリのように、すでに今日とほぼ同じ名称となっている外国産の鳥もみられた。ある鳥が、いつから今日の名称で呼ばれているのかということも、非常に興味を引く課題である[1,2]（図4―4、口絵❼❽）。

多数を占める在来種については、水禽・原禽・林禽・山禽・異邦禽小鳥のそれぞれのパートにどのような鳥が含まれているのかを、目・科に焦点を当て可視化することを試みた（表4―6）。これをみると、非常に多岐にわたる鳥類が記録されていること、そして、それらが体系的に「分類」されていることに、改めて気付かされる。すなわち、比較的開けた水辺の鳥は水禽に、湿地や農地を含む、草地の鳥は原禽に、森や林の鳥は林禽に、

目	科	水禽	原禽	林禽	山禽	異邦禽小鳥
キツツキ目	キツツキ科			○		
ハヤブサ目	ハヤブサ科				○	
スズメ目	ヤイロチョウ科			○		
	モリツバメ科					
	サンショウクイ科			○		
	コウライウグイス科			○		
	オウチュウ科		○			
	カササギヒタキ科			○		
	モズ科			○		
	カラス科			○		
	キクイタダキ科		○			
	ツリスガラ科					
	シジュウカラ科			○		
	ヒゲガラ科		○	○		
	ヒバリ科		○			○
	ツバメ科		○			
	ヒヨドリ科			○		○
	ウグイス科			○		
	エナガ科		○			
	ムシクイ科					
	ズグロムシクイ科					
	メジロ科		○			
	センニュウ科					
	ヨシキリ科		○			
	セッカ科		○			
	レンジャク科			○		
	ゴジュウカラ科			○		
	キバシリ科			○		
	ミソサザイ科		○			
	ムクドリ科	○		○		
	カワガラス科					
	ヒタキ科		○	○		○
	イワヒバリ科		○	○		
	スズメ科		○			
	セキレイ科		○			
	アトリ科		○	○		○
	ツメナガホオジロ科			○		
	アメリカムシクイ科					
	ホオジロ科		○	○		○

グレーの網掛けの項目は、菅原・柿澤[5]と鈴木[6]の同定結果が一致したものの中にはみられなかった。

表4－6 『観文禽譜』に描かれた鳥（在来種）
『日本鳥類目録 改訂第7版』[10] をもとに筆者作成。

目	科	水禽	原禽	林禽	山禽	異邦禽小鳥
キジ目	キジ科		○		○	
カモ目	カモ科	○				
カイツブリ目	カイツブリ科	○				
ネッタイチョウ目	ネッタイチョウ科					
サケイ目	サケイ科		○			
ハト目	ハト科			○		
アビ目	アビ科	○				
ミズナギドリ目	アホウドリ科	○				
	ミズナギドリ科	○				
	ウミツバメ科					
コウノトリ目	コウノトリ科	○				
カツオドリ目	グンカツオドリ科					
	カツオドリ科					
	ウ科	○				
ペリカン目	ペリカン科					
	サギ科	○				
	トキ科	○				
ツル目	ツル科	○				
	クイナ科	○	○			
ノガン目	ノガン科	○				
カッコウ目	カッコウ科			○		
ヨタカ目	ヨタカ科				○	
アマツバメ目	アマツバメ科		○			
チドリ目	チドリ科	○	○			
	ミヤコドリ科	○				
	セイタカシギ科	○				
	シギ科	○	○			
	レンカク科					
	タマシギ科		○			
	ミフウズラ科		○			
	ツバメチドリ科					
	カモメ科	○		○		
	トウゾクカモメ科					
	ウミスズメ科	○				○
タカ目	ミサゴ科				○	
	タカ科				○	
フクロウ目	メンフクロウ科					
	フクロウ科				○	
サイチョウ目	ヤツガシラ科		○	○		○
ブッポウソウ目	カワセミ科	○				
	ハチクイ科					
	ブッポウソウ科			○		

奥山や人里から離れたところの鳥は山禽に収められているように見受けられる。

なお、鈴木[6]も指摘するように、『観文禽譜』における「分類」はあくまでも生息環境に依拠したものであるため、すべての目・科が今日の分子系統学的に「正しく」位置づけられているわけではない。例えば、キジ目・キジ科の鳥の多くは原禽に含まれるが、ライチョウは山禽に収録されているし、チドリ目・チドリ科のうちムナグロおよびメダイチドリは原禽に含まれるが、イカルチドリは水禽に収録されている。こういった事例のほとんどは二パートでの重複であったが、サイチョウ目・ヤツガシラ科、スズメ目・ヒタキ科、同・アトリ科のごく一部の鳥に関しては、原禽・林禽・異邦禽小鳥の三パートにまたがって確認された。

表4－6はあくまでも、『観文禽譜』に描かれた一〇〇〇を超える鳥のうち、菅原・柿澤[5]と鈴木[6]の同定結果が一致した七五七件、その中の在来種五七二件を検討した結果に過ぎない。今後、『観文禽譜』に描かれた鳥に関する調査・研究がさらに進めば、この表4－6もアップデートされるだろう。今日の鳥類目録の編纂のように、様々な専門家の多様な視点を集結させることで、『観文禽譜』はより豊かな情報源となる可能性を秘めている。

3－2 『観文禽譜』とレッドリスト

種の保全は、鳥類学の使命の中でもっとも重要なものの一つである。『環境省レッドリスト二〇二〇[11]』には、鳥類一五二種および地域個体群二集団が掲載されているが、これらの中には『観文禽譜』に描かれているものも少なくない。

表4－7は、レッドリストに掲載されている絶滅種ならびに絶滅危惧種のうち、『観文禽譜』に記載があるものを示している。菅原・柿澤[5]と鈴木[6]の同定結果が一致するものを「○」としたが、両者の見解は一致していなくとも、一方の見解に出てくる種も少なからず見受けられたことから、それらを「△」または「▲」で示した。オオヨシゴイとシロチドリを「△▲」としているのは、両者がそれぞれ異なる図について、オオヨシゴイあるいはシロチドリと同定した事例があったためである。

まず、菅原・柿澤[5]と鈴木[6]の見解が一致している「○」に関しては、絶滅種一種（カンムリツクシガモ）、絶滅危惧Ⅰ類（絶滅の危機に瀕している種）一六種（シジュウカラガン、コウノトリ、ヘラシギ、エトピリカ、ウミスズメ、シマフクロウ、チゴモズ、シマアオジ、ライチョウ、キンバト、シマクイナ、イヌワシ、クマタカ、ブッポウソウ、ヤイロチョウ、アカモズ）、絶滅危惧Ⅱ類（絶滅の危険が増大している種）二〇種（ウズラ、トモエガモ、コクガン、ツクシガモ、アホウドリ、ナベヅル、セイタカシギ、オオソリハシシギ、ホウロクシギ、ツルシギ、タカブシギ、タマシギ、コアジサシ、ケイマフリ、オジロワシ、クマゲラ、ハヤブサ、サンショウクイ、アカヒゲ、コジュリン）の三七種を確認することができた。これに「△」「▲」の二四種を加えると、絶滅種ならびに絶滅危惧Ⅰ・Ⅱ類の一一三種のうち、約半数が『観文禽譜』に描かれていることになる（図4－5、口絵⑨）。

このように、現在では絶滅の危機に直面し、調査・研究の進展が強く求められている鳥に関する情報を、過去の文献資料から得ることもできるのである。種の保全にこれらの情報をどのように活用できる

表4－7『観文禽譜』に描かれた鳥（レッドリスト掲載種）
『環境省レッドリスト2020』[11]をもとに筆者作成。

絶滅（EX）	
○	カンムリツクシガモ
△	ハシブトゴイ
絶滅危惧ⅠA類（CR）	
△	ハクガン
○	シジュウカラガン
△	クロコシジロウミツバメ
○	コウノトリ
▲	チシマウガラス
△▲	オオヨシゴイ
△	トキ
○	ヘラシギ
▲	カラフトアオアシシギ
○	エトピリカ
○	ウミスズメ
△	ウミガラス
○	シマフクロウ
○	チゴモズ
○	シマアオジ
絶滅危惧ⅠB類（EN）	
○	ライチョウ
△	カリガネ
○	キンバト
△	シラコバト
△	コアホウドリ
△	ヒメウ
△	サンカノゴイ
○	シマクイナ
○	イヌワシ
△	チュウヒ
○	クマタカ
○	ブッポウソウ
○	ヤイロチョウ
○	アカモズ
▲	アカコッコ

絶滅危惧Ⅱ類（VU）	
○	ウズラ
○	トモエガモ
△	ヒシクイ
○	コクガン
○	ツクシガモ
○	アホウドリ
△	ミゾゴイ
△	ズグロミゾゴイ
△	タンチョウ
○	ナベヅル
△	マナヅル
△▲	シロチドリ
○	セイタカシギ
○	オオソリハシシギ
○	ホウロクシギ
○	ツルシギ
○	タカブシギ
○	タマシギ
△	ツバメチドリ
○	コアジサシ
○	ケイマフリ
△	サシバ
○	オジロワシ
▲	オオワシ
○	クマゲラ
○	ハヤブサ
○	サンショウクイ
○	アカヒゲ
○	コジュリン

○：菅原・柿澤[5]と鈴木[6]で同定結果が一致しているもの
▲：一致しないもののうち、菅原・柿澤[5]の同定結果にみられるもの
△：一致しないもののうち、鈴木[6]の同定結果にみられるもの（他の図譜から借用したものを含む）

のか、その詳細については第5章を参照されたい。ある鳥に関する情報を求め、江戸時代の文献資料を記述も含めて丹念に読み解いていくと、その鳥がどこに・どのように生息していたのか、人とどのような関わりを持っていたのかを明らかにすることができるかもしれない。

4　おわりに

明治四五（一九一二）年の日本鳥学会の設立、大正一一（一九二二）年の日本鳥類目録の成立は、間違いなく今日の鳥類研究の基礎となっている。しかし、当たり前のことだが、多くの鳥はそれ以前から日本列島に生息していたし、距離感の程度は様々であれ、人と関わりを持っていた。特に江戸時代においては、鳥に関する情報を収集し、分類・記録するという、ある種の「研究」的活動も行われていた。

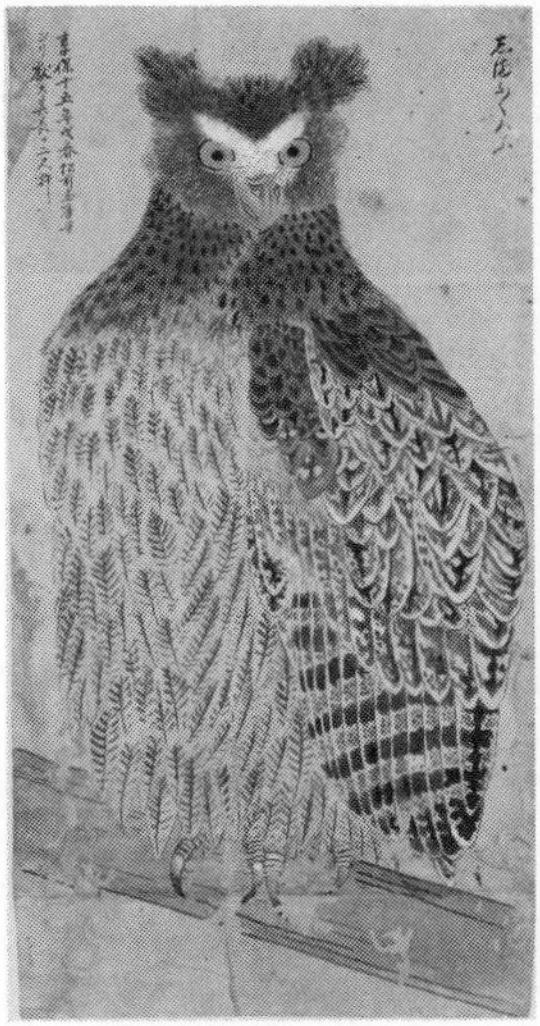

図4－5　山禽「しまふくろふ」菅原・柿澤[5]、鈴木[6]ともにシマフクロウと同定した。享保15（1730）年、松前藩がこの鳥を献上したという記録が残っている。絶滅危惧IA類。『禽譜』宮城県図書館所蔵。

正敦が若年寄という江戸幕府の要職にあったことは、『観文禽譜』の内容がここまで充実したことと無関係ではない。つまり、正敦は若年寄を務めたことで、他の江戸博物学の担い手たちよりも群を抜いて、幅広い人脈と多くの情報を得ることができた。事実、『観文禽譜』に収録される図は、正敦自身の蔵図のみならず、諸大名、本草家、洋学者、絵師らの蔵図からの転写が数多く含まれている。[12,13] また、対露政策の一環として蝦夷地に赴いたことは北方の鳥の、シーボルト事件に関わったことは外国産の鳥の情報収集につながった。[14,15,16] 『観文禽譜』の鳥に関する図および記述は、それ自体も重要な情報だが、「なぜその図・記述を残すことができたのか」といった歴史的・文化的背景にも目を向けると、鳥と人の関係がより鮮明に浮かび上がることだろう。

本章では、『観文禽譜』に描かれた鳥を網羅的に扱うことに主眼を置いたため、それぞれの鳥に関する個別の記述までは焦点を当てることができなかった。鈴木[6]や伊藤・近世歴史資料研究会[2]等の先行研究もすでに述べているように、『観文禽譜』には鳥の名称や形態的特徴、生息地の他、食用方法や薬効に関する記述、和歌や漢詩、他の資料からの引用も豊富に含まれている。『観文禽譜』は鳥類学のみならず、歴史学や文化学、芸術学の研究対象にもなり得る資料であり、多様な視点から検討することで得られる様々な情報は、近現代以降の調査・報告資料からではわからない、フィールド調査からでは明らかにできない、鳥と人の関わりの歴史を我々に示してくれる。

江戸時代における鳥と人の関係については、未だ明らかにされていないことが多くある。歴史資料の活用が、鳥類研究の手法の一つとなり得ることを提示できたのであれば幸いである。

［注1］明の李時珍が著した『本草綱目』は、本草学の集大成として知られる、全五二巻に及ぶ大著であり、江戸博物学の担い手たちの多くがこの『本草綱目』を参照した。『観文禽譜』の附言には、本草学の本流である植物と比較すると、鳥獣に関しては情報の蓄積が進んでいないため、正敦自らがその領域を取り上げること、分類体系の基本は『本草綱目』に従いつつも、細部において独自の改良を試みることが述べられている[17]。

［注2］『観文禽譜』本文の尾藤二洲の序には寛政六（一七九四）年の年号が付されているが、鈴木[6]は、『観文禽譜』が今日に伝わる形で最終的に完成したのは天保二（一八三一）年であると考察している。なお、『観文禽譜』は厳密には解説文の名称であり、図譜は『禽譜』・『堀田禽譜』として伝わっているが、本章ではこれらを一体のものとして扱い、それぞれを『観文禽譜』の解説文・図譜と呼ぶこととした。

［注3］本章では、絵画資料のうち、写実性を重視した博物図譜を使用した。絵画資料には、ほかに花鳥画や吉祥画などもあるが、これらは芸術性を重視した絵画作品としての性格が強く、芸術表現として現実の生物とは異なる形態・生態が描かれることもある。絵画資料を扱う際には、それぞれの資料の性格をよく理解したうえで、分析や議論を進める必要がある。

［注4］この中には、鈴木[6]が『観文禽譜』以外の図譜から借用した四九図が含まれる。うち、少なくとも一七図は『観文禽譜』と原図が同じであるという。

［注5］菅原・柿澤[5]では、島津重豪『鳥類写生図』とされている。

［注6］鈴木[6]が『観文禽譜』以外の図譜から借用した図については、検討対象から除外した。『観文禽譜』の図の総数について、鈴木[6]は一一九三点、菅原・柿澤[5]は一〇七一点を数えており、違いがみられる。この背景には、ベースとしたものが仙台本か東博本かの違い、一つの図に複数の個体が描かれている場合の数え方の違いなどがあると考えられる。

［注7］例えば、天明元（一七八一）年に成立した松前広長の『松前志』[18]には、蝦夷地のワシには「鷲（オオワシ）」と「鵰（コワシ）」の大きく二種類があるという記載がみられる。これによると、「大鳥」は「大鷲ノ尾」で、その尾は一羽に

つき一四枚、「真羽」あるいは「真鳥羽」もこれに該当する。「小鳥」は「鵰（コワシ）」で、その尾は一羽につき一二枚、年齢による模様の違いによって呼び分けられており、一歳は「粕尾」（「此尾白シテ小白ナリ」）、二歳は「黶」あるいは「薄氷」（「其尾本白シ」）、三歳は「小鳥」（「尾羽ツマリ其色淡黒ナリ」）である。なお、ワシ一羽分の尾羽のセットは「一尻」、一〇尻分は「一把」と数えられていた。

［注8］非在来種については、『日本鳥類目録 改訂第七版』（外来種）ならびにＩＯＣのMaster Lists (Multilingual Version 10.1) の情報を参照した。[10,19]

【参考文献】

（1）李時珍（撰）一五九〇 本草綱目 国立国会図書館デジタルコレクション（オンライン）https://ndlonline.ndl.go.jp/#!/detail/R300000001-I000007557874-00 参照二〇二〇年八月三一日
（2）伊藤圭介・近世歴史資料研究会 二〇一一 近世植物・動物・鉱物図譜集成 第XⅦ巻：觀文禽譜（索引篇・解説篇）科学書院 東京
（3）堀田正敦 寛政～文政 禽譜 東京国立博物館所蔵 博物図譜データベース（オンライン）https://webarchives.tnm.jp/infolib/meta_pub/G0000002070723ZF 参照二〇二〇年八月三一日
（4）堀田正敦 寛政～文政 禽譜 宮城県図書館 叡智の杜Web（オンライン）https://eichi.library.pref.miyagi.jp/da/detail?data_id=040-51703 参照二〇二〇年八月三一日
（5）菅原浩・柿澤亮三編著 二〇〇五 図説 鳥名の由来辞典 柏書房 東京
（6）堀田正敦著 鈴木道男編著 二〇〇六 江戸鳥類大図鑑――よみがえる江戸鳥学の精華『觀文禽譜』平凡社 東京
（7）三上修・中田葵衣・田中志織・宮原浩・長谷昭 二〇二〇 江差屏風に描かれた動植物 Biohistory 三三：七九―九一頁
（8）鈴木道男 一九九〇 堀田正敦の『観文禽譜』（一）：鳥類図鑑としての評価および科学史上の位置づけ 日本文化研究所研究報告 二六：一七七―二一四頁
（9）細川博昭 二〇二〇 江戸の鳥類図譜――大名、学者、本草画家が描いた日本の鳥たち 秀和システム 東京

(10) 日本鳥学会編　二〇一二　日本鳥類目録 改訂第七版　日本鳥学会　兵庫
(11) 環境省　二〇二〇　環境省レッドリスト二〇二〇（オンライン）https://www.env.go.jp/press/files/jp/114457.pdf　参照二〇二〇年八月三一日
(12) 長岡由美子・林純子　一九九四　堀田正敦編「禽譜」について（一）　東京国立博物館研究誌　五二一：二六―三四頁
(13) 長岡由美子・林純子　一九九四　堀田正敦編「禽譜」について（二）　東京国立博物館研究誌　五二四：一五―三四頁
(14) 鈴木道男　二〇〇〇　堀田正敦の『觀文禽譜』（六）：若年寄の蝦夷地視察　国際文化研究科論集　八：一三―二九頁
(15) 鈴木道男　二〇〇三　堀田正敦の『觀文禽譜』（八）：化政期の内政・外交資料としての鳥類図鑑　国際文化研究科論集　一一：一二三―一四四頁
(16) 鈴木道男　二〇一六　堀田正敦の『觀文禽譜』（一〇）：堀田正敦の北方探求と鳥学　国際文化研究科論集　二四：一五―二九頁
(17) 鈴木道男　二〇一三　堀田正敦の『觀文禽譜』（九）：堀田正敦博物学の射程　国際文化研究科論集　二一：九九―一一二頁
(18) 安田健編　一九九六　江戸後期諸国産物帳集成 第一巻　科学書院　東京
(19) IOC (2020) Master Lists : Multilingual Version 10.1. (online) https://www.worldbirdnames.org/ioc-lists/master-list-2/　参照二〇二〇年五月三一日

コラム3

江戸時代の食文化と鳥類

久井貴世

現代の日本で肉といえば、多くの人がウシ、ブタ、ニワトリを想像するだろう。地域によってはヒツジやヤギ、野生鳥獣ではシカやイノシシ、クマ、キジ、カモなどが入るかもしれない。一方、江戸時代の料理書には、獣肉として「鹿」「猪」「カモ羊《シカ》」「熊」「狸《たぬき》」「狐」「菟《うさぎ》」「狼」「赤犬」「川うそ」「牛」「豚」などが記載されている。絶滅したニホンカワウソや特別天然記念物のニホンカモシカなどを含む野生哺乳類が主であり、現代のように「肉といえばウシやブタ」ではなかった。

ただし、江戸時代には食穢や獣臭さから獣肉料理はあまり好まれず、当時は肉といえば主に鳥肉であった(1)。ここで注意すべきなのは、「鶏肉」ではなく「鳥肉」であるという点である。ニワトリは古くから殺生禁止令の対象となっており、江戸時代には長崎や鹿児島で鶏肉が食されるようになったが、江戸や京阪に鶏肉店ができたのは江戸末期のことである(2)。料理書では主に南蛮料理の材料として鶏肉が登場するようになるが、延宝二（一六七四）年の『江戸料理集』には、鶏料理は嫌う人が多いので、供する際には替えの料理を準備しておくように、との記述がある。[1] 江戸前期には鶏肉に対する抵抗感もあり、現代のように万人受けする食材ではなかったといえる。

現在は物価の優等生といわれる鶏卵も当時は高価な食材であり、「湯出鶏卵《ゆでたまご》」一個が一杯のうどんやそばよりも高かったという。[1] 一方で卵料理の専門書が刊行され、「玉子ふわふわ」という本当に江戸時代のものなのかと思えるほど可愛らしい名前の料理も流行した。とき卵にだしを加えて厚手の鍋に入れ、弱火で加熱してふんわりと凝固させた料理で、[1] 現在は静岡県袋井市がご当地グルメとして売り出している。

江戸時代の「鳥肉」とは主に野鳥である。寛永二〇（一六四三）年版の料理書『料理物語』[3] には、「鶴《つる》」「白鳥《はくてう》」「雁《がん》」「鴨《かも》」「雉子《きじ》」「山鳥《やまとり》」「鷭《ばん》」「けり」「鷺《さぎ》」「五位《ごい》」「鶉《うづら》」「雲雀《ひばり》」「鳩《はと》」「鴫《しぎ》」「水鶏《くいな》」「桃花鳥《つぐみ》」「雀《すずめ》」「鶏《にわとり》」の一八種が記載されている。料理書によっては、例えばガン類であればさらに「斑雁」「菱喰」「白」「雁金」「犬雁」に分類するような史料もあり、これらは順にマガン、ヒシクイ、ハクガン、カリガネ、シジュウカラガンに同定できる。[4] 江戸時代の鳥肉のうち代表的なものはカモやガンであったが、もっとも格が高いとされたのはツルであり、ツルは将軍や大名などの正式な膳に用いられた。[1] 貴人などの前で行う「式庖丁」という儀礼的な調理作法においても、鳥類ではツルを用いる「鶴庖丁」が第一であった（図）。

『本朝食鑑』[5] や『本草綱目啓蒙』[6] によると、主に食用になるツルは「黒鶴」（ナベヅル）、「白鶴」（ソデグロヅル）、「真鶴」（マナヅル）であり、もっとも美味なのはナベヅルで、マナヅルの味はナベヅルに次ぎ、ソデグロヅルは食肉としては「下品《げぼん》」であるという。なお「丹頂」（タンチョウ）は肉が硬く不味なので食べる人は少なく、むしろ愛玩や観賞など飼育に需要があったとされる。現在では「四種のツルの食べ比べ」などという試みはできないため、種によるツルの味の違いについては想像の域を出ない。

ツルの料理には、酒の肴として供する「吸物《すいもの》」、鳥肉と野菜の塩味の煮物「煎羽《せんば》」、生か一塩物の魚や鳥肉をだし酒に浸した「酒浸《さかびて》」などがあったが、なかでも本膳につける「本汁」として供するのが第一とされていた。『江戸料理集』[1]に掲載された「鶴の汁」は白味噌仕立ての味噌汁であるといい、ツル肉はその骨でだしをとった汁で湯がいてから鍋に加える。鍋は供する直前に火

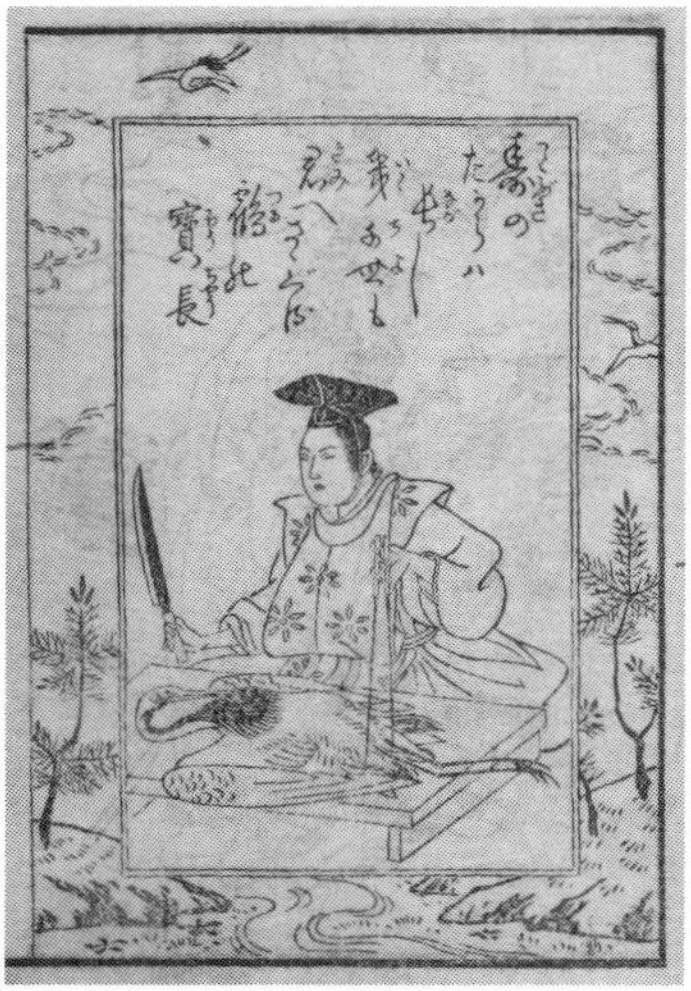

図　『秘傳千羽鶴折形』に描かれた「鶴庖丁」（国文学研究資料館所蔵、CC ライセンス BY－SA 4.0 にて公開）

にかけ、ふたは最後までとってはいけないとされた。これはツルの香りを逃がさないようにするためであるという。「鶴の香を賞する」という記述があるように、ツルは香りを楽しむ食材であったようだ。しかしながら、実際のツルの汁の調理例を見てみると、ゴボウやウド、マツタケ、マイタケ、サンショウの芽などを具材とし、香り付けのための吸口にはワサビやユズなどを使う場合もあった。これではむしろ、ツルと他の食材が互いの香りを打ち消し合ってしまうのではないかと思われる。

そもそも、ツルは美味しかったのであろうか。ドイツ人のシーボルトは、ツルの吸物を食べた感想として「風味のない、魚脂のような味のする料理」でヨーロッパ人の口には合わないと述べている。(7) これはあくまでも外国人の意見であるが、明治時代の日本人も「格別美味い肉ではない」と述べているため、まったくの的外れとも言い難い。もちろん「美味」とする人もいたが、シーボルトが言う「魚脂のような味」というのが「鶴の香」であるとすると、ツル肉には何か独特のにおいのようなものがあったのだろうか。このように考えると、食肉としてのツルにとってもっとも重要なのは味ではなく、ツルという鳥に付された縁起の良さであったのかもしれない。

【参考文献】

（1）松下幸子　二〇一六　図説江戸料理事典　新装版　柏書房　東京
（2）梶島孝雄　二〇〇二　資料日本動物史　新装版　八坂書房　東京

（3）吉井始子（翻刻）一九七九　翻刻江戸時代料理本集成 第三巻　臨川書店　京都

（4）菅原浩・柿澤亮三　一九九三　図説日本鳥名由来辞典　柏書房　東京

（5）人見必大　一六九七刊　本朝食鑑　請求記号：一四〇―一六二　国立国会図書館デジタルコレクション（オンライン）https://doi.org/ 10.11501/2569417　参照二〇二〇年九月六日

（6）小野蘭山（口授）・小野職孝（録）一八〇五　本草綱目啓蒙　請求記号：特一―一〇九　国立国会図書館デジタルコレクション（オンライン）https://doi.org/10.11501/2555496　参照二〇二〇年九月六日

（7）シーボルト著　中井晶夫・金本正之訳　一九七八　シーボルト「日本」第二巻　雄松堂　東京

第5章　文献史料から鳥類の歴史を調べる——ツルの同定と分布の事例

久井貴世

江戸時代に著された文献史料、いわゆる古文書をめくっていくと、鳥類の記録が散見することに気がつく。例えば将軍家や大名家の編年記録や、各藩の日常の執務を記した藩政日誌には鳥類の狩猟や贈答についての記録が、視察や旅行などで各地を巡った人々が記した紀行や旅行記にはその土地で見かけた鳥類の目撃情報が、料理書には食材となる鳥類とその調理法などが記されている。このように鳥類の記録が多く残された理由としては、近世の武家社会における鳥類の存在の重要性が指摘できる。近世武家社会では、支配関係を明示する手段として儀礼的な贈答行為が有効に機能しており、特に「鷹」を中心とした鳥類を用いた贈答儀礼が幕府と藩、朝廷間に成立していた[1]。そのため支配者層は、鷹狩に使用するオオタカなどの猛禽類や、贈答品として用いるツルやハクチョウ、ガン、カモ、ヒバリ、ウズラなどの諸鳥を確保しておかなければならず、野生の鳥類の動向を把握することは政治的にも大きな意味があった。

江戸時代に記された鳥類の記録の大部分は、政治あるいは社会的な必要性によって記されたものであり、当然ながら鳥類そのものを主体に記録することを目的とはしていない。江戸時代の鳥類に関する記録は断片的であり、鳥類の保全や研究といった目的のもとで行われる現代の記録とは性質がまったく異なるものの、その記録が持つ価値は決して軽視できるものではない。例えば、仙台藩伊達家の正史『伊達治家記録(2)』のうち『獅山公治家記録』では、享保元年九月一六日に次の記録がある。

卯刻出駕。大沼長沼辺に遊猟せらる。鉄砲を以て鴇、鳧、鷺、鴻各一翅を獲らる。

これは仙台藩五代藩主伊達吉村の狩猟の記録であり、鉄砲で「鴇」「鳧」「鷺」「鴻」を一羽ずつ捕獲したことが記されている。ここから、享保元年九月一六日（新暦一七一六年一〇月三〇日）に仙台藩領の「大沼長沼」（現在の宮城県仙台市若林区の大沼・南長沼の辺）に「鴇」「鳧」「鷺」「鴻」といった鳥類が生息していたことが明らかとなる。第4章で得られた成果などからこれらの鳥類の同定を試みると、「鴇」はトキ、「鳧」はカモ類、「鷺」はサギ類、「鴻」はヒシクイを指すことが推測できる。第4章では「鴇」はノガンにあてられると指摘しているが、『伊達治家記録』ではノガンは「野雁」と記しているため、「鴇」は、同史料では「鴇」はノガンではなくトキであるという推測が成り立つ。また「鳧」はケリを指す場合があるが、同史料ではコガモを「小鳧」と表記していることから、「鳧」はケリではなくカモを表わす漢字として用いていたと考えることができる。同じように、「鴻」はコウノトリを指す場合もあるが、同史料ではコウノトリは「鸛」と記されているため、「鴻」はヒシクイに比定することができる。「鷺」については、同史料ではコサギを「小鷺」と表記していることから、「鷺」はコサギ以外のサギ類、特にダイサギなどの白いサギを指していると考えられるが、手持ちの史料だけでは、ここまでの推測が限界である。

このような記録は仙台藩の『伊達治家記録』に特有のものではなく、全国各地に同じような情報を持つ記録が多数存在している。それらは主に人の歴史を解明するための素材として活用されてきたが、鳥類学的な視点からみても、過去の鳥類の実態を復元するための根拠として非常に価値が高い。しかしながら、これまで文献史料を用いて鳥類をめぐる歴史を解明する研究は盛んに行われてきたとはいえず、「古文書」から得られる特殊なデータの取り扱いや分析方法についても、鳥類研究の分野ではほとんど知られていないのが現状である。

そこで本章では、ツルを事例として、江戸時代の文献史料から過去の鳥類を調べる方法、特に同定と過去の分布を明らかにするための方法を紹介したい。江戸時代に重要視された鳥類のうち、鷹狩に使用する猛禽類に比肩したのがツル類である。ツルは鷹狩の獲物としても贈答品としても最高の価値を有するとともに、その美しさや吉祥の縁起から文化的にも特異な位置づけにあった。ツルに関しては豊富な史料が存在するため、事例として最適である。

1　江戸時代の博物誌史料から「鶴」を同定する

動物の研究を行うにあたって、同定が基礎的な作業であることは言うまでもない。自身が研究対象とする鳥類を「なんとなく」で同定する研究者はいないはずであり、これは過去の鳥類の記録を対象とする場合にも同様である。しかしながら、これまでは文献史料に記載された鳥類の同定は蔑ろにされてきた印象がある。

例えば歴史学では、主君の前でツルを捌く「鶴庖丁」という儀式において、「いつもの鶴」として用いられる種は「クロヅルやマナヅルであろう[3]」というような言説が珍しくない。鳥類に詳しい人であれば、江戸時代の日本にはクロヅルが多く渡来していたのかと、驚きや疑念を抱くだろう。なぜなら、現代の日本ではクロヅルはごく少数が渡来するのみだからである。ここで「クロヅルやマナヅル」といわれているのは、文献史料上で「黒鶴」と「真鶴」と表記されるツルのことである。後述するように、江戸時代に「真鶴」と書かれたのは主にマナヅルであり、「黒鶴」は現在のナベヅルであってクロヅルではない。これは江戸時代の表記と現和名との「見かけ上の一致」によって生じた誤解であり、史料上の表記を安易に現和名に読み替えることで容易に起こり得る。

第４章で『観文禽譜』の鳥類名称と現和名の一致率は四一％であったことが指摘されているように、江戸時代に用いられていた名称と現和名は必ずしも共通するわけではない。精密な図が掲載されている

『観文禽譜』の場合には、詳細な解説とあわせて現和名との異同を検討することが可能であるが、なかには決して精巧とはいえない図や、転写を繰り返すことで原形からかけ離れてしまった図を掲載する史料なども存在する。さらに、そもそも文字による解説のみで図を有さない史料が大部分を占めており、この場合には視覚的な補助が得られないため、同定はより困難である。

筆者はこの課題に対応する方法として再現図を作成する方法を考え、文字情報として記されるツルの配色や形態的な特徴を視覚的に把握することを試みた。本章では、江戸時代を代表する本草学者の一人である小野蘭山の主著『本草綱目啓蒙《ほんぞうこうもくけいもう》』(4)［注1］に記載されたツルの文字情報を、再現図を用いながら同定する過程を紹介する。本史料は動物の形態描写が詳細である一方で、図が描かれていないためにその姿を想像しにくいというのが難点であった。

1-1　文字情報から「鶴」の姿を探る――『本草綱目啓蒙』の事例

科学は再現性が重要である。江戸時代の文字情報からツルの再現図を作成する場合にも、再現性は担保されなければならない。そのため、無闇に色を塗っていけばいいというわけではなく、再現図作成のための基準を明確に定める必要がある。はじめに、既存の図を参考にして(5)、再現図の下地となる輪郭図を作成した（図5-1）。彩色は日本の伝統色を用いることとし、史料上の名称と完全一致する色がない場合には近似色によって充当した(6)。例えば、史料上の色名と伝統色が完全一致する「黒」「白」「灰白《かいはく》」「青丹《あおに》」「赤褐色《せっかっしょく》」「深紅《しんく》」はそのまま、完全一致しない「薄黒」は「墨」、「蒼灰惨」は「藍鼠《あいねず》」、

図5－1　再現図の下地となるツルの輪郭図（正富(5)をもとに作成）

「紅黒」は「黒紅《くろべに》」、「淡黄色」は「伽羅色《きゃら》」というように近似色で充当した。また、コンピュータ上で伝統色を再現するため、該当する一六進数のカラーコードを使用した。(7) 史料上の記述を実際のツルの体の各部位や測定基準(8)に比定させながら彩色し、完成した再現図と実際のツルの体色を比較しながら検討した。

『本草綱目啓蒙』には「鶴」「丹鳥」「花頂鶴《かちょうづる》」「白ヅル」「黄鶴《かきづる》」「暹羅《しゃむろ》ヅル」「ア子《ネ》ハヅル」「琉球ヅル」「鶬鶏《そうけい》」「陽鳥《ようう》」の一〇種が記載されている。ここでは、日本で記録のある種として同定できた「鶴」「白ヅル」「鶬鶏」「陽鳥」「ア子ハヅル」と、少々複雑な事情をもつ「花頂鶴」の六種の事例を紹介する。なお除外したうち「黄鶴」は当年生まれのソデグロヅル(9)またはマナヅル(10)の幼鳥（図5－2、口絵⑩）、「暹羅ヅル」は主に東南アジアに生息するオオヅルの亜種ヒガシオオヅル(10)（図5－3、口絵⑪）と推測されている。日本ではこれまでヒガシオオヅルの渡来の記録はなく、江戸時代の「暹羅ヅル」も舶来品として日本に持ち込まれたものであろう。また、「丹鳥」については次節で『本草綱目啓蒙』以外の史料も交えて検討することにする。

図５－２　『鳥類之図』の「かき鶴」（公益財団法人山階鳥類研究所所蔵）
菅原・柿澤(9)はソデグロヅルの幼鳥、堀田・鈴木(10)はマナヅルの１年目の若鳥と同定した。

図５－３　『鳥類之図』の「シヤムロ鶴」（公益財団法人山階鳥類研究所所蔵）
菅原・柿澤(9)はソデグロヅルの幼鳥、堀田・鈴木(10)はヒガシオオヅルの若鳥と同定した。

図5－4　『本草綱目啓蒙』の「鶴」再現図

（1）鶴

今画に用る所のツル。即仙人の騎る所の鳥なり。故に仙鶴と云ふ。形大にして白色、その頂深紅色なり。故に丹頂のツルと云ふ。觜は青緑色、脚は蒼黒色、翼下の弱毛色黒し。羽翼を斂れば後の方に垂出て黒尾なるに似り。

本種は大型で基本色は白色、深紅色の頭頂部、青緑色の嘴、青黒色の脚、翼の下部は黒色で、これは翼をたたむと後ろに垂れるので、まるで黒い尾のように見えるという。「丹頂のツル」という名称が決定的ではあるが、「鶴」に記載されている特徴はすべてタンチョウに一致する。これを再現すると図5－4（口絵⑱）のようになり、頸部が黒色でない点に不足があるものの、おおよそタンチョウを表わしていると解釈できる。黒いように見えるタンチョウの尾羽は実際には白色で、翼をたたむ際に、黒く長い三列風切羽が白い尾羽を覆い隠すのであるが、これが「黒尾なるに似り」という文言で表現されている。タンチョウの尾羽は黒色であるという誤解は現代でも多くみられるが、江戸時代の人々はすでにこの特徴を認識していたということである。

なお本史料では、タンチョウを表わす「鶴」の別名として、漢籍に由来する「仙鶴《せんかく》」や「九皐君《きゅうこうくん》」の他、「丹頂」や「丹頂ノツル」が挙げられている。これは他の史料でも同様であり、江戸時代にはタンチョウに対して「丹頂」という名称が多く用いられていたことがわかる。「丹頂」や「丹頂鶴」は標準和名タンチョウの音とも一致し、現代でも俗称として知られているため、非常にわかりやすい。本史料には「丹鳥」というツルも記載されているが、これも単純に発音すると「たんちょう」と訓《よ》むことができる。では、この「丹鳥」はタンチョウを指しているのであろうか。この問題については、後ほど検討してみたい。

(2) 白ヅル

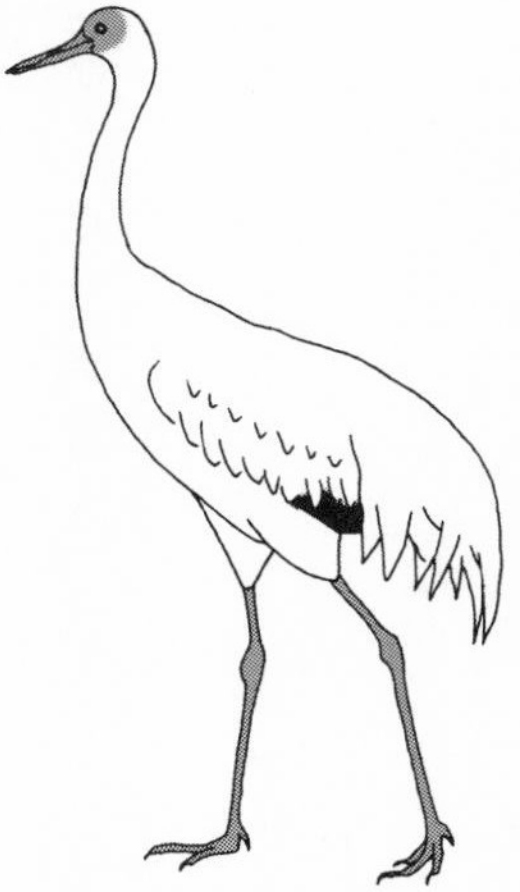

図5－5 『本草綱目啓蒙』の「白ヅル」再現図

白ヅルは一名ソデグロ。筑前に多し。形大にして頂に紅色なし。全身白色、翼端六七枚色黒し。然れども翼を開かざれば見へず。頂より目をめぐり淡赤色、觜脚共に同色なり。

本種は大型で全身が白色だが、頭頂に紅色はなく、頭頂から目の周囲および嘴、脚は淡赤色である。翼の端の六～七枚の羽だけが黒く、これは翼を開かなければ見えない。「一名ソデグロ」とあるとおり、本史料の「白ヅル」の特徴はすべてソデグロヅルの特徴と一致し、図5－5（口絵⑲）の再現図もソデグロヅルの特徴をよく表わしている。六〜七枚とある黒色の初列風切羽は実際には一〇枚であるが、正確な同定を阻むほどの誤りではない。図5－5では、たたんだ翼の端に若干黒色をのぞかせることで初列風切羽の黒色を表現した。

現在の日本にはソデグロヅルの定期的な渡来地はなく、迷鳥として少数が稀に渡来するのみである。しかし本史料に「筑前」（現在の福岡県北西部）に多い、あるいは「紀（州）の紀の川辺見たり」（現在の和歌山県紀の川の辺りで見た）という村松標左衛門の書き込みがあるように、江戸時代には一定程度の渡来数があり、ソデグロヅルは決して珍しい種ではなかったといえる。

日本で記録があるツルのうち、白色のツルはタンチョウとソデグロヅルの二種であるが、江戸時代に「白鶴」と呼ばれることが多かったのはソデグロヅルのようである。しかし、タンチョウもまた「白鶴」と呼ばれることがあり、どちらの種を指すかは地域や史料によっても異なる[11]。安易な同定は危険であり、記録の内容や地域を考慮し、他の史料なども交えながら慎重に判断する必要がある。

（3）鶬鶏

鶴の類にして丹頂白鶴より小く、陽烏より大なり。頂頸肩皆白色、額頰赤色、觜は浅黒微青黄色、喉白し。その下より胸腹に至り悉く黒色。背より尾前に至まで灰色微青、尾は灰色。翼白色、脚は淡赤色。

本種は、「丹頂白鶴」すなわちタンチョウよりも小さく、次に挙げる種であるが「陽烏」すなわちナベヅルよりも大きい。頭頂から頸、肩にかけて白色で、額と頰は赤色、嘴は黒みを帯びた青黄色、喉は白色。その下から胸と腹まではすべて黒色で、背から尾の前までは青みを帯びた灰色、尾は灰色。翼は白く、脚は淡い赤色である。

史料の記述に従って色を塗ってみると図5－6（口絵⑳）のようなツルになり、これはマナヅルのように見える。実際に、ほとんどの特徴はマナヅルに一致する。ただし「尾は灰色。翼白色」については少し解釈が必要である。マナヅルの三列風切羽は長く白い飾り羽で、暗灰色の尾を覆っている[8]。タンチョウにもあったように、小野蘭山は、尾のように見える三列風切羽と実際の尾羽は異なることを認識していた。この事実を踏まえると、「実際の尾羽は灰色であるが、白色の翼がそれを隠している」という特徴を、「尾は灰色。翼白色」という記述で表現した可能性が考えられる。図5－6ではこの解釈を採用し、尾のように見える部分を白色に彩色している。

図5－6　『本草綱目啓蒙』の「鶬鶏」再現図

これまでのタンチョウとソデグロヅルでは、その姿は文章だけでも比較的想像しやすかった。一方で文章だけを頼りにこの「鶬鶏」の複雑な体色を頭の中で想像できるという人は、なかなかいないと思われる。このような場合に再現図が本領を発揮するの

図5－7　『本草綱目啓蒙』の「陽烏」再現図

である。「鶬鶏」はマナヅルの漢名の一つであり、別名として記載されている「マナヅル」の名称からも、本史料の「鶬鶏」がマナヅルを表わしていることがわかる。これに図5－6の再現図を加えることで、同定結果をさらに補強することができる。

（4）陽烏

形鶬鶏より小く、頂は赤褐色。項背白色、胸より全身尾脚皆淡黒色。觜は微短、青黄色。

本種は「鶬鶏」すなわちマナヅルより小型で、頭頂は赤褐色である。「項背白色」は項《うなじ》（首筋）から背にかけて白色であると解釈し、胸から尾、脚までは全身淡い黒色である。嘴は青みがかった黄色で、やや短い。これらの特徴はナベヅルに一致し、図5－7（口絵⑮）の再現図もナベヅルの姿をほぼ正確に示している。

なお本史料には、「陽烏」の別名として「クロヅル」が記載されている。「クロヅル」ははじめに紹介した「黒鶴」のカナ表記であり、先述のとおり史料上の「黒鶴」「クロヅル」は現和名クロヅルに誤同定されることがある。しかし図5－7は明らかにクロヅルの特徴を示しておらず、本史料の「クロヅル」はナベヅルに同定できる。他史料においても「黒鶴」と呼ばれるのはほとんどがナベヅルであり、「黒鶴」を描いた図も明確にナベヅルと同定できるものばかりである（図5－8、口絵⓭）。これまで筆者が確認した中では、『鳥譜寫生圖巻』の「黒霍」はクロヅルを描いたものである可能性が否定できないが、この図は未完成であり、彩色が不完全であることが悔やまれる（図5－9、口絵⓮）。また『観文禽譜』[12]では、薩摩藩八代藩主島津重豪が「以前自国で、黒ヅルよりやや大きく、頸筋が白黒で、丹頂に似たツルを見たことがあるが、名前は知らない」と語ったという記述がある。「黒ヅル」すなわちナベヅルよりも少し大きく、頸筋が白黒のタンチョウに似たツルというのはクロヅルのことであるように思われる。重豪は幼少の頃から在来・非在来を問わず多数の鳥類を収集、飼育し、鳥類に関する著述を残すほど鳥類に造詣が深かったことが知られているが[13]、彼にとっても「名もしらざりし」鳥であったこ

図5－8　『鳥類之図』の「黒鶴」（公益財団法人山階鳥類研究所所蔵）

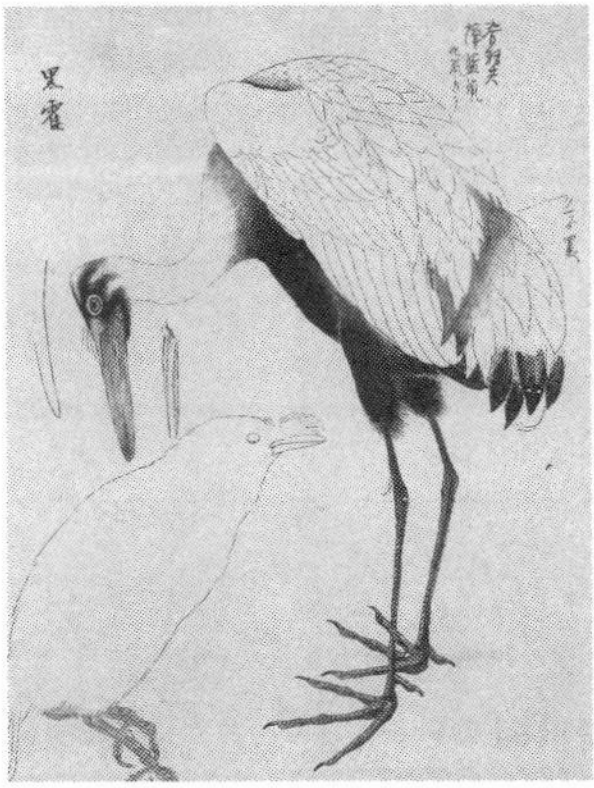

図5－9　『鳥譜寫生圖巻』の「黒霍」（公益財団法人東洋文庫所蔵）彩色予定として「背羽共薄藍鼠色、但鼠がち」、三列風切羽の辺には「クマより墨」との注記がある。なお「クマ」は「熊」ではなく隈取の「隈」である。

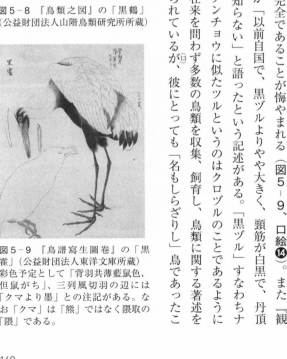

とを考えると、当時クロヅルの渡来はかなり稀なことであったのかもしれない。そのため、「見かけ上の一致」によって安易に「黒鶴」をクロヅルと解釈することは、大変な誤解を生む要因となってしまうのである。

また、本史料にはもう一つの別名として「キヌカヅキ」が挙げられている。「キヌカヅキ」はおそらく「衣被《きぬかづ》き」のことであり、平安時代以降の貴婦人が外出時に顔を隠すために頭からかぶった衣、またはそれをかぶった女性のことをいう。頸から上が白色のナベヅルの姿を、白い衣をかぶった貴婦人の姿に見立てたものと考えられるが、なんと雅な名称であろうか。江戸時代にナベヅルの名称として広く用いられていた「陽烏」も、「陽」は白、「烏」は黒の寓意と考えると、これもナベヅルの体色に由来した名称と考えられそうである。

図5－10　『本草綱目啓蒙』の「ア子ハヅル」再現図

（5）ア子ハヅル

ア子ハヅルは陽烏《クロヅル》より甚小く、形色鶬鶏に似り。觜の本淡緑色、末は黄色を帯ぶ。脚は淡黒色、背は浅黒色、腹は深黒色にして長毛垂る。頭に灰色の長毛あり、又白きもあり。

本種は「陽烏」すなわちナベヅルよりもさらに小

型で、形や色は「鴾鶏」すなわちマナヅルに似ている。嘴は淡い緑色で、末は黄色を帯びている。脚と背は淡い黒色、腹は深い黒色で長い毛が垂れる。頭には灰色または白色の長い毛がある。胸の下まで垂れる柳葉状の飾り羽と目の後ろの房状の飾り羽は、世界最小のツルであるアネハヅルの特徴である。嘴の色の表現も正確である。「形色鴾鶏に似り」という記述から、図5－10（口絵㉑）では史料で指定された色以外はマナヅルの色彩を転用した。そのため肩より上部が白色となってしまったが、実際には頭頂が灰色である以外は腹と同色であり、尾のように長く垂れる三列風切羽も先端に向かって黒色となるのが正解である。

（6）花頂鶴

花頂鶴は全身黒く、腹白く、頭に黒勝あり。レンジヤクバトの如し。目のめぐり頬色赤し。

本種は全身が黒色で、腹が白色、頭にはレンジャクバトのような黒色の飾り羽がある。目の周囲と頬は赤色である。これを図5－11（口絵⑯）に再現したが、果たして何の鳥に見えるであろうか。これは『鳥類図譜』[14]に掲載されている「クワテウヅル」によく似ている（図5－12、口絵⑰）。『鳥類之図』［注2］では、この鳥の図を「くろ鸛」という名称で掲載しており、『観文禽譜』[12]では、「華頂ヅル」は「黒鸛」や「烏鸛」と呼ばれるものと同一であろうといわれている。「鸛」の字が示すように、これはツルではなくコウノトリの一種のナベコウである。

図5－11 『本草綱目啓蒙』の「花頂鶴」再現図

図5－12 『鳥類図譜』の「クワテウヅル」（国立国会図書館デジタルコレクション）

上記の特徴と図5－11もおおよそナベコウに一致している。ただし、ナベコウに明確な冠羽はなく、赤色も目の周囲のみで頬にまでは至らない。冠羽については、冠羽が描かれない図も存在することが『観文禽譜』[12]で指摘されており、著者の堀田正敦は「怒ったときや驚いたときに現われるのではないか」と推測している。また、嘴と脚については色の記載がないため無彩色にしているが、他の図譜ではこれらを赤色に彩色するものが多く、実際のナベコウの嘴・脚色とも一致している。

なお、コウノトリ科のナベコウをツル科の項目内に含めることは現代の常識では誤りである。そもそもツルとコウノトリは、昔は見分けがつかずに混同されていたといわれることが多いが、これは勝手な先入観である。少なくとも江戸時代の博物誌では、ツルとコウノトリは明確に識別されていた[15]。現代の常識では誤りとされる分類方法も、江戸時代には生息環境や形態によって鳥を分類する東洋的な記載方法が採用されていたことを踏まえると、単純な間違いや混同の結果として評価することは適切ではない。[15]

1－2　複数の史料を用いた総合的な検討――謎のツル「丹鳥」をめぐる推理

『本草綱目啓蒙』[4]のように図のない史料では、再現図などを併用しながら同定を試みる方法が有効である。前節では十分に同定が可能なほど記述が詳細な事例を取り上げたが、記述の内容は種あるいは史料によっても様々である。例えば「黒き者、形小也。足も亦黒し」と説明される『大和本草』[16]の「黒鶴」をそのまま再現すると、ただ真っ黒なツルができあがる。これだけでは正確な同定は不可能であるが、史料に記載されている情報というのは往々にして断片的である。そのため歴史史料上の鳥類を研究するためには、可能な限り多数の史料を渉猟し、断片的な情報をつなぎ合わせながら総合的に検討していく作業が不可欠である。

ここではその作業の一端として、『本草綱目啓蒙』[4]にも挙げられていた「丹鳥」を同定していく過程を紹介する。なお、はじめに結果を示すと、「丹鳥」を明確に同定することはできなかった、というのが現在の到達点である。

（1）「丹鳥」はタンチョウか？

『本草綱目啓蒙』[4]の「丹鳥」は次のように説明されている。

図5－13　『本草綱目啓蒙』の「丹鳥」再現図

大和本草に、丹鳥は全身足共黒くして頭紅なり。松前に産すと云。是玄鶴なるべし。

「大和本草に」とあるように、「丹鳥」の初出は貝原益軒による『大和本草』[16]である。

丹鳥は其形白鶴の如し。色は黒し。頭赤く、足黒し。松前に居る。西州無レ之。朝鮮にも亦無と云。

『大和本草』によると、この「丹鳥」は「白鶴のような形で頭が赤い」「西州（西日本）にはなく、松前（北海道）にいる」ツルであるといい、この特徴から、従来は「丹頂」の同音異字として扱われてきた。確かに「丹鳥」という漢字から想起される「たんちょう」という発音や、北海道に生息するという現代の常識から考えると、自然にタンチョウを連想することになる。

しかしながら「白色」や「白羽」などと表現されるタンチョウに対して、「色は黒し」あるいは「全身足共黒く」という表現がどうしても気にかかる。『本草綱目啓蒙』の記述から「丹鳥」を再現してみたが、図5－13（口絵㉒）を見る限りこれがタンチョウであるとは到底思えない。「其形白鶴の如し。色は黒し」を、ソデグロヅルのように白色で、「黒」は頸や次列・三列風切羽の黒色を表わしたと解釈することも可能であるが、少々無理がある。また、江戸時代には西日本も含めて北海道以外でもタンチョウの生息が確認できるので、[17]「松前に居る」ことだけではタンチョウであることの証明にはならない。

この『大和本草』の「丹鳥」については、江戸時代当時から議論の対象になっていた。特に小野蘭山は、『大和本草』をテキストとして安永九（一七八〇）年から実施した講義で、「丹鳥」の解釈を行っていたようである。門下の寺尾隆純が書き取った講義録『大和本草会議』[18]には、『大和本草』の「丹鳥」は「丹頂」（タンチョウ）ではなく、「黒鶴にして丹頂」（頭頂が赤色の黒いツル）である。これは李時珍の『本草綱目』に出てくる「玄鶴」である、との記述がある。先述した『本草綱目啓蒙』にも「是玄鶴なるべし」とある。さらに『本草綱目啓蒙』には、村松標左衛門による「仙鶴と別なり」という書き込みがみられ、蘭山が講義においてこのような発言をしたことがわかる。「仙鶴」とは先ほど説明したとおりタンチョウの別名であり、すなわち「丹鳥」とタンチョウは別種であるという見解を示している。『観文禽譜』[12]にも、「丹鳥丹頂同名に似たれども、自ら二物なり」という蘭山の言葉が記されており、「丹鳥」はタンチョウではないという説を強く主張している。

（2）「玄鶴」とは何か？

蘭山のいう「玄鶴」という名称は「丹鳥」を同定するための手がかりになるように思われるが、実は「玄鶴」もまた謎の多い名称である。「玄」は「黒」の意であり、「玄鶴」は「黒鶴」（ナベヅル）と同義であるという説や、マナヅルの別名であるという説、さらにはツルではなく「青鶏」（セイケイ）であるとする説など、様々な解釈がみられる。[4,10]『観文禽譜』[12]では、「華頂ヅル」の図を見た蘭山が「此則玄鶴ならん」（これが玄鶴なのだろう）と述べたことが記されている。『本草綱目啓蒙』[4]の「花頂鶴」にも「玄鶴の属なるべし」との記述があり、蘭山はナベコウを「玄鶴」の一種と解釈していたことがわかる。

一方で、江戸時代の三大養禽書の一つといわれる『飼籠鳥』[19]には、次のような興味深い記述がある。

玄鶴　和名マツマイツル
西土に曽て来る事なし。松前に出る。朝鮮にも亦たなし。丹頂の一種にして玄黒なり。大和本草に其形白鶴の如し。毛は黒し、頭赤く、足黒しと云は是れなり。

基本情報は『大和本草』の「丹鳥」からの引用であるが、「玄鶴」は和名が「マツマイツル」であるという。「マツマイツル」という名称は「松前に出る」という特徴をよく表わしており、日本鳥学会第二代会頭を務めた鷹司信輔は、著書『飼ひ鳥』で次のように説明している。[20]

玄鶴或は「松前鶴」Megalornis lilfordi（Sharpe）、英名 Eastern Common Crane は形丹頂に似て稍小さく、丹頂の白色の部分が灰色である。

鷹司によると、「玄鶴」は「松前鶴」ともいい、英名は Eastern Common Crane、すなわちクロヅルであるという。「丹頂の白色の部分が灰色である」という記述は、『飼籠鳥』の「丹頂の一種にして玄黒」という表現に通じると解釈できないだろうか。先述したとおり、江戸時代の史料で明確にクロヅルと同定できる史料は得られていないものの、『飼籠鳥』の「玄鶴」はクロヅルを表わしているようにも考えられる。「玄鶴」の特徴は「丹鳥」からの引用であることから、『飼籠鳥』では「玄鶴」すなわち「丹鳥」はクロヅルであるという認識だったのであろうか。

（3）描かれた「丹鳥」

ここまで「丹鳥」の正体を明かすべく推理を重ねてきたが、最後に『啓蒙禽譜』[21]の「丹鳥」を紹介したい。「大和本草に云、丹鳥。松前に産すと云。是れ玄鶴なるべし」という記述自体は『本草綱目啓蒙』[4]に準じるものであるが、本史料の最大の特徴は、筆者が確認した中では唯一「丹鳥」の図が掲載されていることである（図5－14、口絵⑫）。この「丹鳥」の姿は、明らかにタンチョウとは異なっている。体が黒く頸が白いという特徴からはナベヅルも想定されるが、同史料ではナベヅルは「陽鳥」として別に掲載されているため、「丹鳥」はナベヅルではないだろう。

図5－14　『啓蒙禽譜』の「丹鳥」（国立国会図書館デジタルコレクション）

もう少し推理を試みると、例えばドイツ人医師で博物学者のシーボルトは、蝦夷地（北海道）でカナダヅルを確認したことを記録しており、[22] これは「松前に産す」という「丹鳥」の特徴にも一致する。房状に長い三列風切羽が濃色すぎる点や、背・腹と頸の色の塗り分けが明確すぎる点、脚の色など、いくつか気になる箇所があることも事実であるが、『啓蒙禽譜』の「丹鳥」とカナダヅルとの関係性は可能性の一つとして残しておきたいと思う。

とはいえ、「丹鳥」については現時点でこれ以上の手がかりを得ることができず、未だ答えを出すには至っていないのが現状である。この事例は少し極端だったかもしれないが、文献史料から江戸時代の鳥類を同定するためには、このような「推理」の過程が必要なのである。史料上の鳥類を同定して初めて、江戸時代の鳥類の生息実態や人との関わりなどを解明するという次の段階に進むことができる。

2 文献史料から江戸時代のツルの分布を調べる

前節では江戸時代の博物誌史料に記載されたツルを同定し、現和名との対応関係を明らかにする過程を紹介した。本節ではその成果をもとに、江戸時代のツルの分布を復元する方法を紹介する。

2-1 文献史料に「生息」するツルを探す

歴史的な文献史料を用いて過去のツルの生息実態や人との関わりを明らかにするには、まず史料から

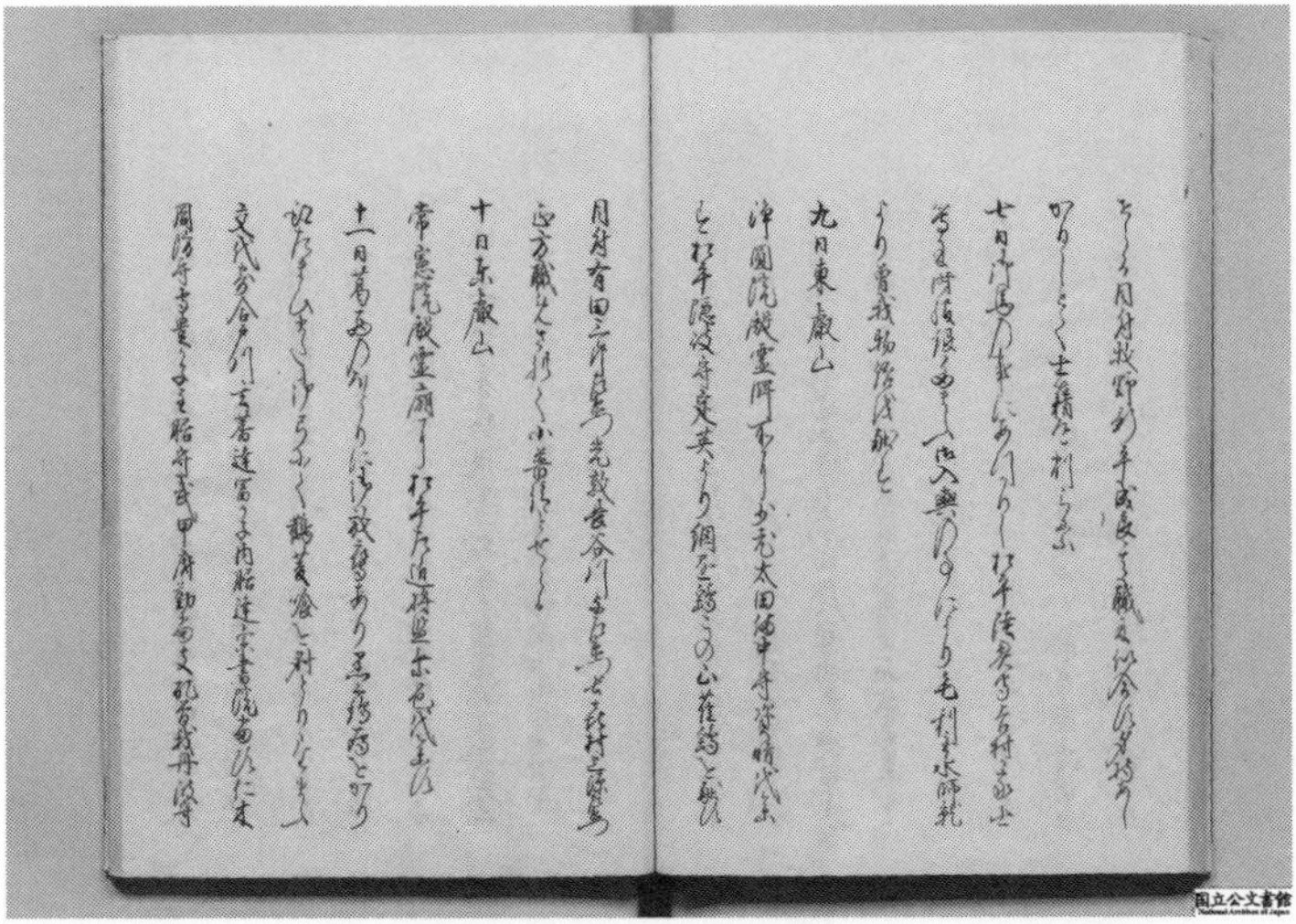

図5－15　『有徳院殿御実紀』享保14年11月11日条（国立公文書館デジタルアーカイブ）

ツルに関する記録を収集しなければならない。その方法は、とにかく史料を「めくる」ことである。「めくる」とは文字通り、史料のページをめくりながら内容を確認していく作業であり、単調で根気のいる作業である。ひたすら史料をめくっていくと、例えば図5－15のようにツルの記録に遭遇する。これは『有徳院殿御実紀』［注3］の享保一四年一一月一一日（新暦一七二九年一二月三〇日）の記録であり、図5－15左ページの五〜六行目に「葛西のほとりに御放鷹あり。黒靏、雁をかり得たまひ。また御弓にて鶴、菱喰を射とりたまふ」という記述が確認できる。葛西（現在の東京都葛飾区・江戸川区の一帯）に設置されていた鷹場において、徳川吉宗自身がタカで「黒靏」と「雁」を、弓で「鶴」と「菱喰」を獲ったという記録である。記録されている鳥類は、順にナベヅル、マガン、コウノトリ、ヒシクイであろうと推測する。なお「黒靏」の「靏」は「鶴」の異体字であり、「黒鶴」すなわちナベヅルと同義である。この年は、ツルの捕獲に関する記録があと三件確認できるほか、同年正月六日（新暦一七二九年二月三日）には亀戸のあたりで「白雁」（ハクガン）を獲った記録などもある。

図5－15で示したとおり、江戸時代の史料はくずし字で書かれているため、このように収集した史料はくずし字を解読する作業が必要となる。歴史学を専門にしない人にとっては、このくずし字の存在が非常に高い壁となって立ちはだかる。理想的には一次史料を自ら解読できることが望ましいものの、すべての人がそれを行うことは難しい。そのため、歴史学の研究者や郷土史家などがくずし字を解読し、原文を活字に置き換えた翻刻史料を利用するという方法がある。筆者の研究も、翻刻された史料に支えられている部分が非常に大きい。なお、先ほどの『有徳院殿御実紀』を含む『御実紀』も、『徳川実紀』として翻刻・刊行されている。ただし、翻刻には誤りがある可能性にも留意しておく必要がある。翻刻された史料だけに依拠するのではなく、場合によっては一次史料の原文に立ち戻って記述を確認する作業が必要になることもある。

翻刻・刊行された史料は、図書館などで閲覧することが可能であるが、史料をめくる作業には変わりがない。また、まずはめくる史料に「当たりを付ける」ことも重要である。書架に配架された本の背表紙を眺めながら、あるいは図書検索システムなどを利用して史料を探すことになるのだが、「江戸時代の鶴の記録」などというわかりやすい書名があるはずはなく、「鶴」というキーワードで検索するとツルの記録が含まれている史料の一覧が表示されるわけでもない。史料名からある程度の内容が推測できる『観文禽譜』[12]や『鳥類図譜』[14]と異なり、事前の知識がない状態で、『徳川実紀』にツルなど鳥類の記録が多く含まれていることを予測できる人はいないだろう。では、膨大な史料から目的のものを探すにはどうしたらよいのだろうか。それには、自分自身の手でできるだけ多くの史料に触れ、史料を探し出す感覚を磨いていくしかない。筆者自身も数多くの史料に触れるうちに、「ツルがいそうな」史料を嗅ぎ分けるための鋭い嗅覚と、「鶴」を見つけるための目を得ることができたように感じている。はじめは手探りで非効率的にみえても、それが一番の近道であろうと考えている。

こうしてみると、文献史料から鳥類の記録を収集する作業は忍耐強さが求められるうえに、地味で難しい作業のように感じられるかもしれない。確かに、数百あるいは数千ものページをめくり、一羽のツルにも出会えなかった日ほど辛いことはない。一方で、諦めかけたそのときに、不意に重要な記録に巡り会うこともあるのが史料調査の面白いところである。生きた鳥を相手にするバードウォッチングでも、意外な場所で思わぬ鳥に出会うことがあるように、文献史料においても意外な史料で思わぬ鳥の記録を発見することがあり、次はどんな記録が出てくるのかという期待感を持ちながら史料を読み進めていくことは、存外楽しいものである。

2－2　文献史料から復元する江戸時代のツルの分布――宇和島藩の事例

『伊達治家記録』[2]や『有徳院殿御実紀』の例で示したように、江戸時代の史料の中には、鳥類に関して

「いつ」「どこで」「何が」が明確に記録されているものが多く存在する。このような記録は、ある種の鳥がその時、その場所にいたことを明確に示しており、有効に活用すれば江戸時代の鳥類の過去の分布を明らかにすることが可能である。ここでは、宇和島藩の『記録書抜』［注4］と『伊達家御歴代事記』［注5］の二つの史料を用いて、宇和島藩領における江戸時代のツルの分布状況を復元する事例を紹介する。宇和島藩は、現在の愛媛県宇和島市を藩庁とした外様の藩であり、八幡浜市・西予市・宇和島市・北宇和郡鬼北町・同郡松野町の一部と大洲市を除く南予地方を領有した。史料として選定した『記録書抜』と『伊達家御歴代事記』は、『宇和島藩庁・伊達家史料』[23]七～一一巻として翻刻・刊行されたものがあり、本章ではこの翻刻史料を使用した。

史料をめくっていくと、まず寛文一〇年一二月五日条に「来村田町江黒靏三羽おり候由」という記録を発見する。ここから（いつ）「寛文一〇年一二月五日」、（どこで）「来村」に、（何が）「黒靏」が三羽いたという情報を読み取ることができる。これまで述べてきたことから「黒靏」はナベヅルであると推測できるが、日付と場所についても現在の基準に沿って理解できるようにする必要がある。江戸時代の暦は太陰太陽暦であるため、これを現行の新暦（太陽暦、グレゴリオ暦）に変換することで現代の暦の感覚で理解できるようになる。また、地名は現在までに大きく変化している可能性が高く、地名自体が消滅している場合もある。そのため現在の地図ではなく、『日本歴史地名大系』[24]などの辞典を用いて地名の同定を行う。このような作業を経ることで、新暦の一六七一年一月一五日に愛媛県宇和島市宮下のあたりにナベヅルが三羽いた、という情報が得られるのである。ツルに関する記録のうち、目撃と捕獲新たな記録を収集し事例数を増やすためには、今後も史料調査を継続することが重要である。

No.	年月日	新暦	場所	現地名	内容	鶴	真鶴	黒鶴	出典
1	寛文十年十二月五日	1671/1/15	来村	宇和島市宮下	一、来村田町江黒靏三羽おり候由。			●	22-1
2	寛文十一年九月二十七日	1671/10/29	平城村	南宇和郡愛南町御荘平城	一、廿四日、平城ニ而御持筒伝九郎靏打、御祝江戸ヘ上ル。	●			22-1
3	寛文十二年十二月朔日	1673/1/18	宇和	西予市宇和町卯之町	一、於宇和御持筒七左衛門靏二重ニ留。	●			22-1
4	延宝五年十月二十七日	1677/11/22	宇和	西予市宇和町卯之町	一、宇和靏居候付、打ニ遣、打参ル。	●			22-1
5	延宝八年十月九日	1680/11/29	来村	宇和島市宮下	一、来村ニ而靏御持筒七左衛門打。	●			22-1
6	天和二年霜月二十三日	1682/12/21	坂戸	西予市宇和町坂戸	一、坂戸ニ而真鶴、御持筒七左衛門打之。		●		22-1
7	貞享三年正月三十日	1686/2/22	来村	宇和島市宮下	一、来村ニ而黒靏御持筒茂左衛門打留。			●	22-1
8	元禄元年正月七日	1688/2/8	宇和	西予市宇和町卯之町	一、宇和ニ而真靏一、御持筒打候由金百疋被下。		●		22-1
9	元禄五年霜月五日	1692/12/12	宇和	西予市宇和町卯之町	一、真靏御持筒理右衛門、雛靏同北右衛門、宇和ニ而打。	●	●		22-1
10	元禄五年極月十五日	1693/1/20	山田村	西予市宇和町山田	一、真鶴、山田村ニ而、御持筒弥兵衛打之。		●		22-1
11	元禄九年十月十七日	1696/11/11	日土村	八幡浜市日土町	一、日土村猟師鶴打。	●			22-2
12	元禄九年十二月三日	1696/12/26	岩木村	西予市宇和町岩木	一、岩木村ニ而猟師靏二ッ重ニ打申候由。	●			22-1
13	元禄十年正月九日	1697/1/31	宮内村	八幡浜市保内町宮内	一、宮内村ニ而猟師靏留候由。	●			22-1
14	元禄十年二月二十三日	1697/3/15	喜木村	八幡浜市保内町喜木	一、喜木村ニ而黒靏打。			●	22-1
15	元禄十年九月二十三日	1697/11/6	永長村	西予市宇和町永長	一、永長村ニ而真靏打出ス。		●		22-1
16	元禄十二年正月十九日	1699/2/18	御庄	南宇和郡愛南町御荘平城	一、御庄ニ而靏留候由。	●			22-1
17	元禄十二年十一月朔日	1699/12/21	宇和	西予市宇和町卯之町	一、於宇和靏打。	●			22-1
18	元禄十四年九月二十一日	1701/10/22	宇和	西予市宇和町卯之町	一、宇和ニ而靏打差出ス。	●			22-1
19	元禄十五年十一月十五日	1703/1/2	宇和	西予市宇和町卯之町	一、於宇和靏留候段申出ル。	●			22-1
20	元禄十六年十一月十五日	1703/12/23	宇和	西予市宇和町卯之町	一、於宇和、此間靏重ニ打、御料理ニ被下。	●			22-1
21	宝永五年十一月十九日	1708/12/30	宇和	西予市宇和町卯之町	一、宇和ニ而猟師靏留差上。	●			22-1
22	文化十四年十月二十九日	1817/12/7	岩木村	西予市宇和町岩木	一、岩木村ゟ鶴拾ひ差出ス。	●			22-1
23	文政四年二月五日	1821/3/8	下畑地村	宇和島市津島町下畑地	一、下畑地村ニ靏落居候旨ニ而差出ス。	●			22-1
24	文政五年閏正月五日	1822/2/26	矢野村	八幡浜市矢野町	一、矢野町ニ而鶴ヲ打候者有之、咎候処、逃去候由ニ而鶴差出候事。	●			22-1
25	文政八年九月九日	1825/10/20	高串村	宇和島市高串	一、高串村ニ靏落居候旨ニ而差出。	●			22-1

出典：22－1 『宇和島藩庁伊達家史料　記録書抜』、22－2『宇和島藩庁伊達家史料　伊達家御歴代事記』

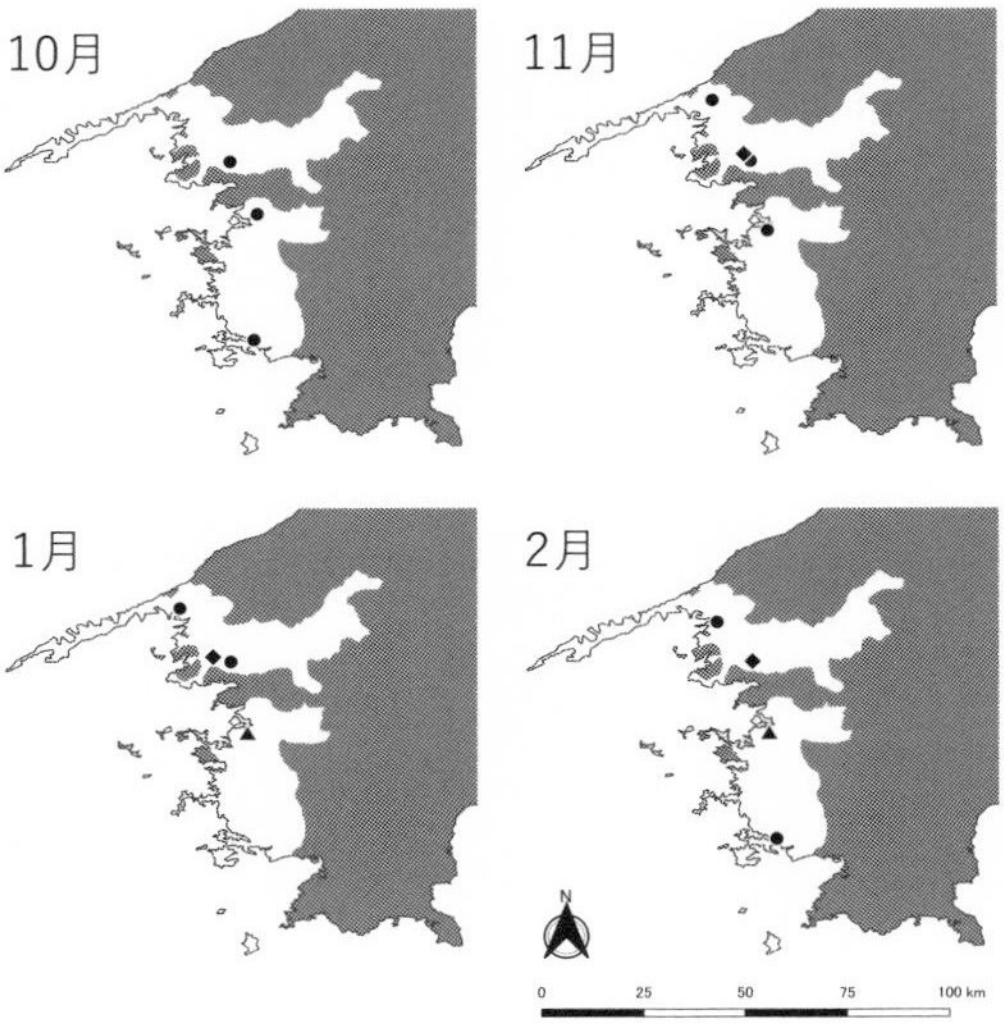

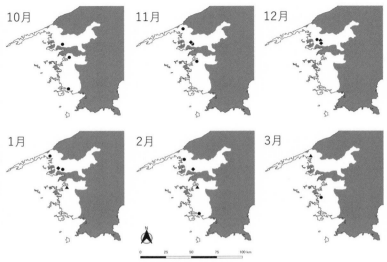

図5－16　江戸時代の宇和島藩領における月別のツルの分布図（グレーは他藩領）
●：「鶴」（種は不明）、◆：「真鶴」（マナヅル）、▲：「黒鶴」（ナベヅル）。事例数が増えれば、種による渡来場所や時期の違いなどを明らかにできる可能性がある。

に関する情報を整理した結果を、表5－1に示した。さらに、場所に対応した緯度と経度を入力することで、史料から得た江戸時代のツルの分布の情報を地図上に示すことや、日付のデータを活用して、月別の分布図を作成することも可能である（図5－16）。

なお、表5－1の№9に宇和（現在の西予市宇和町卯之町）で「雛靏」を獲ったという記録がある。一見すると愛媛県でツルが繁殖していたことを示すような記述であるが、一一月五日（新暦一二月一二日）という時期から考えると、この「雛靏」は文字通りのヒナではなく、当年生まれの幼鳥であると推測できる。江戸時代の史料では「幼鳥」にあたる表現を見たことがないため、おそらく親鳥と羽色などが異なるものを総じて「雛」と表現していたのであろう。また、今回は二五件の記録のうちマナヅルは五件、ナベヅルは三件であり、種が同定できない「鶴」が一八件ともっとも多い結果となった。史料に「鶴」の特徴などが書かれていない限りこれ以上の同定ができないという点は、史料上の鳥類を扱ううえでの悩ましい課題である。

3　おわりに

本章ではツルを事例として、江戸時代の文献史料から鳥類の歴史を調べる方法を紹介した。今回は再現図を活用した同定と、分布状況の復元を取り上げたが、これは研究のごく一端である。例えば、博物誌史料における同定結果は江戸時代における一般認識と大きな乖離はないと思われるが、一方で地域によっては鳥類の呼び名が異なる場合もある。これに対応する方法としては、地域ごとに作成された『産物帳』などの史料を用いて、その地方の方言名や認識の違いを整理することが必要である。

第2節で事例とした宇和島藩では、江戸時代のツルの記録は二五件であったが、地域によっては数百件、日本列島全域では数千件にもなり、記録数が多いと種による分布の違いや渡来時期の差などもより明確になる。世界最大のツルの越冬地である出水平野では、マナヅルはナベヅルよりも遅く渡来し、早く北帰することが知られているが、江戸時代の記録からも同じような様子がみられることは興味深い(25)。年ごとにある程度の記録を得られるようになれば、江戸三〇〇年間の分布の変遷や渡り経路の変化などを明らかにすることもできるし、人間活動との関係でいえば、新田開発によるツルの分布の拡大の様相などもみることができる。

このように、鳥類を研究する手段として江戸時代の文献史料は非常に有効である。歴史学の分野では、多くの場合史料上の鳥類は人間の歴史を構築する一要素、いわば「記号」として認識されるに留まっていたため、それが実際には何という種なのかという視点は重要ではなかった。しかし、同じ史料を鳥類学の立場から見てみると、鳥類そのものの分布や渡り、あるいは当時の生息環境や人との関わりなど、過去の鳥類の実態を示すための重要な証拠として評価することができる。現状では、ほとんどの鳥類の記録は膨大な史料の山に原石のまま埋もれている状態であり、これらの原石を探し集め、宝石として活用する意識を持った人材が、今後の鳥類研究において重要な存在となるはずである。

また、歴史研究者にとっての鳥類と鳥類研究者にとっての歴史史料は、それぞれ互いに本来の研究対象ではないが、最近は歴史史料上の鳥類の記録に関心を持つ人が両分野で増えている。鳥類をめぐる歴史の研究、筆者はこれを「歴史鳥類学」と呼んでいるが、今後「歴史鳥類学」を発展させるためには、歴史研究者と鳥類研究者が分野の枠を超えて連携していくことも重要であろうと考えている。

『観文禽譜』[12]に四三八種もの鳥類が記載されていることを踏まえると、筆者が研究対象としているツルは、そのうちのほんの数種でしかない。未だ発展途上にある「歴史鳥類学」の現状では、数百種もの鳥類に研究の余地が残されているということである。また、今回事例として取り上げた宇和島藩領のうち、愛媛県西予市の宇和盆地には二〇〇二年からナベヅルが飛来し、近年では越冬も確認されるようになっている[26]。宇和盆地にナベヅルが戻ってきた場所は、まさに表5－1に挙げたかつての渡来地であり、当時の史料は、江戸時代から続く人とツルとの関わりを示す根拠としても活用されている。歴史史料から得られる鳥類の記録は、歴史の事実として重要なだけでなく、現代における鳥類の保全を考えるうえでも重要なのである。

[注1]『本草綱目啓蒙』は、小野蘭山が江戸の幕府医学館で行った講義のうち、『本草綱目』(第4章の注1を参照)についての第一回の講述を筆録、刊行したものである[27]。全四八巻二七冊、享和三(一八〇三)～文化二(一八〇五)年に刊行された。鳥類は、四三巻に水禽類二三種、四四巻に原禽類二三種、四五巻に林禽類一七種と山禽類一三種(附一種)の記載がある。本章では、国立国会図書館が所蔵する村松標左衛門旧蔵の初版本を使用した。村松標左衛門は蘭山の門下であり、本書には標左衛門による多数の書き込みが残っている。

[注2]公益財団法人山階鳥類研究所所蔵の図巻で、渉禽類の彩色画と注記を載せる。薩摩藩主島津重豪の著書『鳥名便覧』(文政一三［一八三〇］年)の序文に、同時に鳥類の写生図譜を作製させたことが記されており、その鳥類図譜の一部ではないかと考えられている[12]。現在山階鳥類研究所に所蔵されるものは、明治時代に島津忠義の三女常子が山階宮家に嫁した際に持参した一巻である[9]。なお渉禽類とは、サギ類やツル類、シギ・チドリ類など、比較的長い嘴や脚、頸をもち、水辺や浅瀬などで採餌する鳥類の総称である。

[注3]徳川家康から家治まで、歴代将軍の治績を編年体で記した『御実紀』(徳川実紀)のうち、八代将軍徳川吉宗の治績を記したものである。本章では、国立公文書館所蔵の『有徳院殿御実紀』(請求記号：特075-0001、https://www.digital.archives.go.jp/das/meta/M2015120415423819365)を使用した。

[注4]宇和島藩の寛文二(一六六二)年以降の藩政記録・古書を抜粋し、各藩主の時代ごとに編纂した集成史料である。編纂者は家老桜田数馬親敬であり、文政元(一八一八)～同三(一八二〇)年に作成された。

［注５］『記録書抜』の方法を踏襲して編纂した藩主ごとの編年史である。編纂者は旧宇和島藩士（林玖十郎）であり、明治一〇年代後半から同二〇（一八八七）年頃に成立したと推定される。『記録書抜』と共通する事項もあるが、各藩主の冊数・収録史料には相違もある。

【参考文献】

（１）大友一雄　一九九九　日本近世国家の権威と儀礼　吉川弘文館　東京
（２）田邊希文（撰）一九五七～一九七二写　獅山公治家記録　請求記号：KM二〇九／シ一　宮城県図書館　宮城
（３）西村慎太郎　二〇一二　宮中のシェフ、鶴をさばく――江戸時代の朝廷と庖丁道　吉川弘文館　東京
（４）小野蘭山（口授）・小野職孝（録）　一八〇五　本草綱目啓蒙 四三　請求記号：特一―一〇九　国立国会図書館デジタルコレクション（オンライン）https://doi.org/10.11501/2555496　参照二〇二〇年九月六日
（５）正富宏之（監修）　一九九〇　青い星のツルたち――世界のツル・日本のツル　野生生物情報センター　北海道
（６）吉岡幸雄　二〇〇〇　日本の色辞典　紫紅社　京都
（７）和色大辞典（オンライン）https://www.colordic.org/w　参照二〇二〇年九月六日
（８）黒田長久・森岡弘之監修　一九八九　世界の動物 分類と飼育10－Ⅱ〔ツル目〕　東京都動物園協会　東京
（９）菅原浩・柿澤亮三編著　一九九三　図説日本鳥名由来辞典　柏書房　東京
（10）堀田正敦著　鈴木道男編著　二〇〇六　江戸鳥類大図鑑――よみがえる江戸鳥学の精華『観文禽譜』平凡社　東京
（11）久井貴世　二〇一三　江戸時代の文献史料に記載されるツル類の同定―タンチョウに係る名称の再考察―　山階鳥学報四五：九―三八頁
（12）堀田正敦・近世歴史資料研究会　二〇一二　近世植物・動物・鉱物図譜集成 第ⅩⅦ巻：観文禽譜（原文篇・索引篇・解説篇）　科学書院　東京
（13）上野益三　一九八二　薩摩博物学史　島津出版会　東京
（14）細川重賢編　一七七五　鳥類図譜 一　請求記号：YR二一―二八　国立国会図書館デジタルコレクション（オンライン）https://doi.org/10.11501/1103872O　参照二〇二〇年九月六日

(15) 久井貴世　二〇一九　江戸時代におけるツルとコウノトリの識別の実態：博物誌史料による検証　山階鳥学報　五〇：八九—一二三頁
(16) 貝原益軒　一七〇九　大和本草　一五　請求記号：特一—二四六四　国立国会図書館デジタルコレクション（オンライン）https://dl.ndl.go.jp/info:ndljp/pid/2605899　参照二〇二〇年九月六日
(17) 久井貴世　二〇一九　古文書の「丹頂」からタンチョウを探る：「歴史鳥類学」から解明する江戸時代のツルの歴史　上田恵介編　遺伝子から解き明かす鳥の不思議な世界　二一三—二三四頁　一色出版　東京
(18) 小野蘭山（口述）寺尾隆純（録）　一八二〇写　大和本草会識　五　請求記号：特一—一　国立国会図書館デジタルコレクション（オンライン）https://doi.org/10.11501/2555251　参照二〇二〇年九月六日
(19) 佐藤成裕　一八三四写　飼籠鳥　一八　請求記号：京乙—三四四　国立国会図書館デジタルコレクション（オンライン）https://dl.ndl.go.jp/info:ndljp/pid/2607119　参照二〇二〇年九月六日
(20) 鷹司信輔　一九一七　飼ひ鳥　裳華房　東京
(21) 著者不明　成立年不明　啓蒙禽譜　天　請求記号：特七—一一七　国立国会図書館デジタルコレクション（オンライン）https://dl.ndl.go.jp/info:ndljp/pid/2607964　参照二〇二〇年九月六日
(22) シーボルト著　加藤九祚・妹尾守雄・八城国衛・中井晶夫・金本正之・石山禎一訳　一九七九　シーボルト「日本」第六巻　雄松堂書店　東京
(23) 桜田親敬・林玖十郎・近代史文庫宇和島研究会編　一九八一　記録書抜 伊達家御歴代事記一　宇和島藩庁・伊達家史料七　近代史文庫宇和島研究会　宇和島
(24) 下中邦彦編　一九八〇　郷土歴史大辞典　愛媛県の地名　日本歴史地名体系　第三九巻　平凡社　東京
(25) 久井貴世　二〇一八　歴史資料から復元するツルの渡り—江戸時代の日本に渡来したツルの事例—　平成二八年度〜平成二九年度科学研究費助成事業（研究活動スタート支援）研究成果報告書
(26) 公益財団法人日本野鳥の会自然保護室　二〇二〇　宇和盆地の人とツル・コウノトリの暮らし　日本野鳥の会　東京
(27) 磯野直秀・間島由美子　二〇〇五　「小野蘭山寛政七年書簡下書」：付「範塾軌」　参考書誌研究　六三：一—一〇

コラム4

文献資料からみた鳥の名の初出時代

黒沢令子

文化資料から鳥を知るためには、人の認識がその時代と文化の影響を強く受けることを踏まえて、記録された鳥はその時代や文化と合わせて解釈する必要がある。

日本では、八世紀頃から文字資料が残っている。情報源とする資料は実物を正確に記録している必要があるので、生物学者の手による総合的研究である『日本博物誌総合年表』[1]を利用し、そのうちの「資料別・動植物名初見リスト」と「珍禽異獣奇魚の古記録」から、各時代に初めて記録された鳥の名を抽出した。この総説には、『古事記』や『日本書紀』などの史書や記録書をはじめ、辞書、文学作品、動物寓話、日記類、料理本、園芸書などの史実や動植物の記録が正確な可能性が高いものが利用されている。

以下、奈良・平安時代（八～一一世紀）を古代、鎌倉・室町時代（一二～一六世紀）を中世、江戸時代（一七～一九世紀）を近世と区分して紹介する。

表A　古代の初期、8世紀に記録された鳥類の目と、スズメ目の科

カモ	カツオドリ	フクロウ
キジ	タカ	キツツキ
カイツブリ	ツル	ハヤブサ
コウノトリ	チドリ	スズメ
ペリカン	ハト	
スズメ目の科（スズメ、モズ、カラス、ヒバリ、ツバメ、ウグイス、ミソサザイ、セキレイ、アトリ、ホオジロ）		

表B　最初に記載された時期別に見た日本の鳥の科の数

	科の数	%
古代	30	81.1
中世	3	6.8
近世	4	9.8

古代

八世紀に行政府が国史をまとめる際に諸国の官吏に命じて産物を記載させた。その元となった『風土記』には東北地方から九州までの各地域の動植物が数多く記録されている。(2)現在知られている鳥の分類群を古代の記録から目レベルまで同定できたのは一四目あり（表A）、さらに科レベルまで同定できたのは三〇科で、近世までの全群の八割に及ぶ（表B）。現在の日本人が認識する鳥類の大区分は、まさに初期の目録作りの時期であった古代に基盤ができたといえよう。当時はもちろん双眼鏡などの道具はなく、人々は生活の中で、身近に見られる鳥たちを記憶を頼りに記載していたと考えられるので、詳細な違いはわからなかったかもしれない。当時の鳥の名はツルやサギのように大半は二～四音名であ

り、これらはのちに類名や総名の基礎として使われるようになる。(1) 例えば、「カモ」という名は七一二年の『古事記』が初見だが、後になってさらに細かな区分があることがわかると、一四八五年の『お湯殿の上の日記』では「ハシビロガモ」のように形容詞を冠して二次名として使われるようになった。

中世

中世には自然の動植物の記載はあまり多くない。古代に比べて新たに認められた鳥の名は三科と少なかった（表B）。中世の文献としては節用集と呼ばれる辞典類が主な資料となっている。節用集では名前に漢名が使われていることが多く、室町時代の『鴉鷺合戦物語』のような動物寓話や、『山科家礼記』や『お湯殿の上の日記』などの日記類を除いては、庶民が使う和名が収録されないという点が指摘されている。(1)

近世

中国で本草綱目が完成して一六〇七年に日本に輸入された。この文献には、一八九二種にものぼる薬となる動植物種が記載されており、現代の博物学に通じるような研究が興隆する礎になった（第4章参照）。この時代には、ヘラサギ、ウミスズメ、ヨシキリ、センニュウといった海洋性鳥類や比較的目立たないグループが新たに日本の鳥として記載されるとともに、特に南アジア

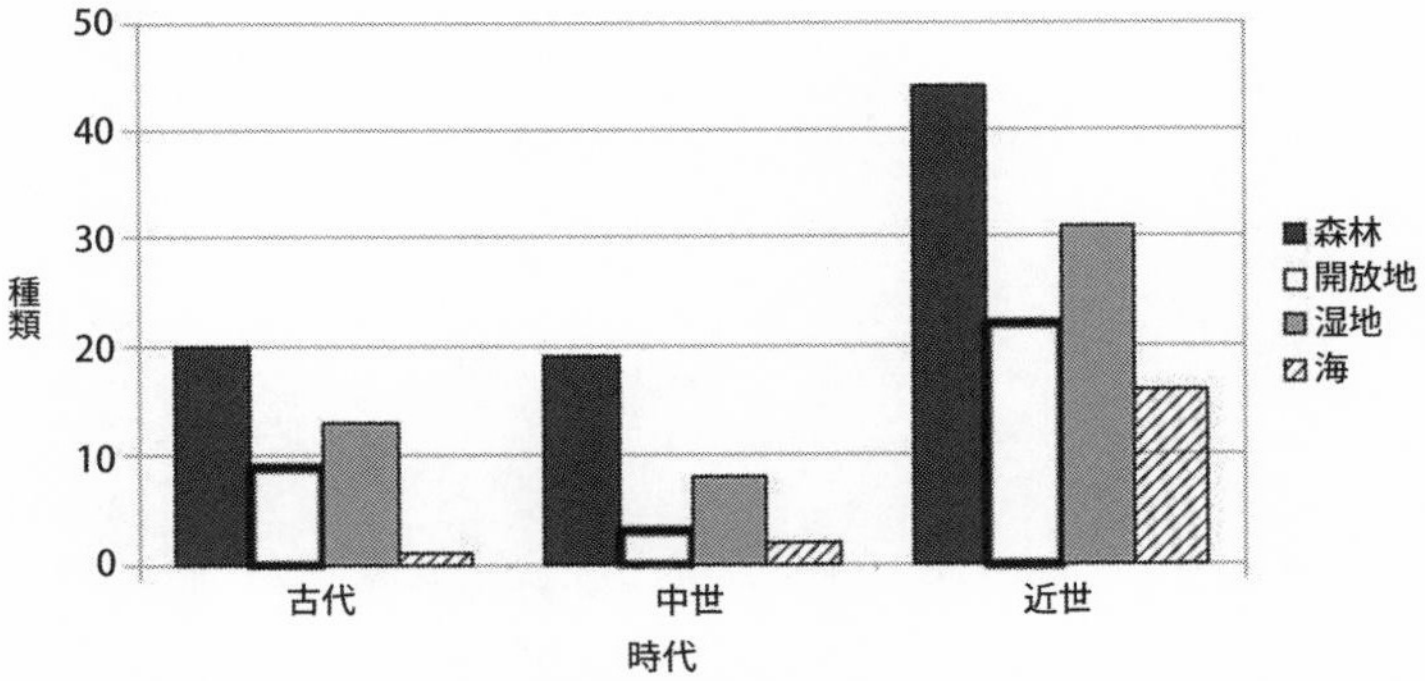

図　日本の在来鳥類の生息環境と初出記録の時代（藪を含む森林、草地を含む開放地、水辺を含む湿地、海洋）

などの海外から珍しい鳥が移入されて、認識されている鳥のリストが増加した（第7章参照）。

鳥は種類によって、森林や草原、湖沼や湿地、海洋など生息する環境がおおむね決まっており、その傾向は長い年月の間に大きく変わることはなく、日本の主要な生息環境の指標になると考えられる。そうなれば、時代ごとに識別された鳥の生息環境を通して、当時の自然環境を垣間見ることができるかもしれない（第4章参照）。そこで、古代・中世・近世の各区分に新たに記載された鳥種のうち、現在の日本在来の鳥類を『日本鳥類目録　改訂第七版』[3]に基づいて生息環境ごとに区分し、時代ごとにその変動をみた。

いずれの時代も森林性の鳥の新規記載がもっとも多く、水辺を含む湿地の鳥がそれに次ぎ、草原や裸地のような開けた乾燥環境の鳥や海洋性の鳥は少なかった（図）。この傾向はどの時代にも共通であり、日本の主要な生息環境を代表していると考えられる[4]。近世になって、ウミスズメ、エトピリカなどの海鳥類が相次いで記載されたのは、蝦夷地との交流が盛んになり、北方の生物に関する知識が豊かになったことが大きいだろう。また、この時代には小笠原諸島や南西諸島、高山帯にも探検隊が派遣され、メグロやライチョウを含む多様な動植物が持ち帰られて記載された。

このように文化史的に日本の鳥の記録を大まかに把握してみると、日本では鳥の記載が進んだ時期が大きく二期あったことがわかる。第一期は古代の行政府による目録作成期であり、この頃現在私たちが知っている鳥の和名の目や科レベルの礎ができたと考えられる。第二期の近世には知識人による博物学的な収集が興隆し、記録のレベルが詳細になったようである。

【参考文献】

（1）磯野直秀　二〇一二　日本博物誌総合年表　平凡社　東京
（2）中村哲信（監修・訳注）二〇一五　風土記（上下）角川書店　東京
（3）日本鳥学会編　二〇一二　日本鳥類目録 改訂第七版　日本鳥学会　兵庫
（4）樋口広芳・黒沢令子　二〇〇九　日本の鳥類の分布と独自性　樋口広芳・黒沢令子編著　鳥の自然史——空間分布をめぐって：三—一六頁　北海道大学出版会　北海道

3

人と鳥類の共存に向けて

西洋科学に基づく鳥の野外研究は、種の顔ぶれだけでなく個体数や分布域の推定まで可能にした。その手法の一つとして、二〇年ごとに行われてきた全国調査がある。第３部ではその最新の結果から、日本の鳥の二〇〜二一世紀の動向を紹介し、また、日本列島における鳥類の今後について、人間社会の経済活動による影響も踏まえて探る。

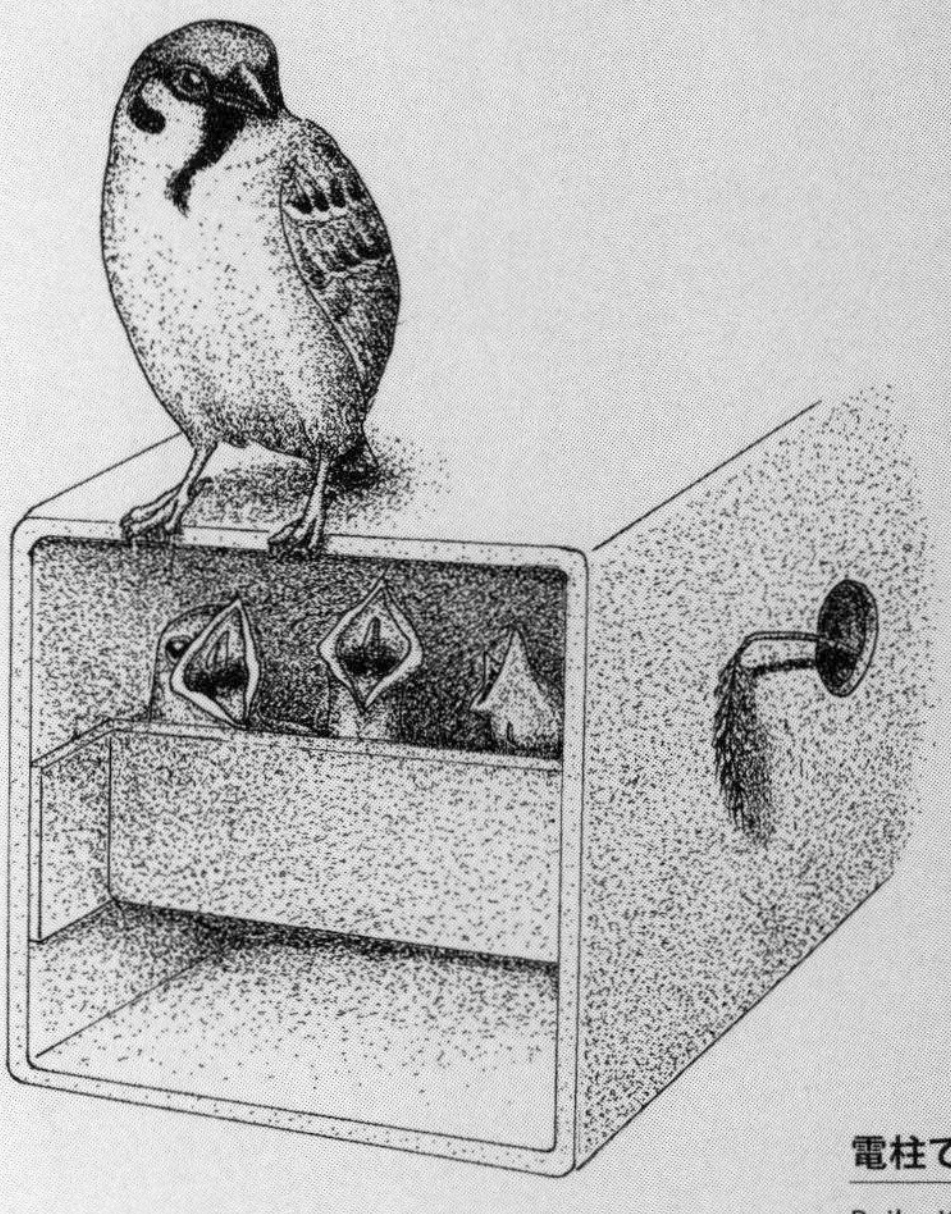

電柱で営巣するスズメ

Reiko Kurosawa

第6章　全国的な野外調査でみる日本の鳥類の今

植田睦之

日本の鳥の国勢調査、それが全国鳥類繁殖分布調査だ。現在、二〇二〇年度末の完成を目指して調査が行われている。全国に配置された約二三〇〇のコースで野外調査を行い、それに文献やアンケートの情報を加えることで日本の鳥類の今を明らかにしようとしている。この調査は全国のたくさんの鳥類観察者（バードウォッチャー）が参加して行われている。最近は市民科学ともいわれるようになったこうした手法が日本の鳥の現状を知るためには不可欠となっている。

1　必要なアマチュアの観察者の手による広域調査

鳥類の研究の多くは研究者により行われてきた。鳥類相の変化についての研究も同様だ。しかし「日

図６－１　スズメの記録数の1990年代から2010年代にかけての変化
郊外では減少しており、都心部では増加するなど、地域によって差があることがわかる。

本の鳥の状況を明らかにする」ような大規模な研究の場合、こうした研究者による研究では不十分な部分も大きい。それは、それほど人数の多くない研究者だけでは広域の調査が難しいためだ。図６－１は東京都のスズメの一九九〇年代から二〇一〇年代にかけての増減を示したものである。都心部ではスズメはこの約二〇年間で増加している。しかし、郊外では逆に減少しているという正反対の傾向がみられている。このような狭いスケールでさえ、個体数の増減に地域差があり、研究者が単独あるいはグループでできるような、狭い範囲あるいは局所的な調査からでは、実際の鳥の増減を誤って判断してしまうことがある。日本の鳥の現状を知ろうと思った場合は、広域多地点の調査に基づく必要があるのだ。

日本野鳥の会の会員が三万四〇〇〇人（二〇二〇年四月時点）いるように、日本全国には鳥の観察を趣味とするバードウォッチャーが多くいる。こうしたバードウォッチャーの協力を得ることで広域の調査を行うことが可能である。日本だけでなく、ヨーロッパやアメリカでも広域調査へのバードウォッチャーの貢献が大きい。

2　一九七〇年代から行われている分布調査

全国鳥類繁殖分布調査は、一九七〇年代と一九九〇年代には現・環境省により行われた。二〇二〇年度末の完成を目指した第三回目の調査である今回は、NPO法人バードリサーチが事務局を務め、多くのNGOや省庁、研究機関の合同調査として行われている。運営体制は変わっているが、実際の調査を担っているのは一九七〇年代から変わらず各地のバードウォッチャーである。

この調査では、日本全国を二〇キロメートルメッシュ（五万分の一地形図の図郭）で区切り、各メッシュにある代表的な環境を網羅的に調査できるように配置された二つの調査地で現地調査が行われている（図6－2）。調査地には約三キロメートルのルートと二か所の定点があり、五～六月の早朝に調査ルートを歩きながら生息している鳥の種と数を記録し、定点で三〇分の定点調査を行って、その場所の鳥類相を記録した。現地調査は日中の調査であるため、夜行性の鳥は十分に記録できず、また、定点調査で発見に努めているものの、出現頻度の低い猛禽類も記録漏れが多いと考えられる。そうした種の分布も記録できるよう、アンケート調査や文献調査で情報を補完した。また、越冬期の分布情報についても、普段の野鳥観察の記録をアンケート情報として収集した。

一九七〇年代の調査結果は、この現地調査のデータと文献等の情報をあわせた最終成果物の分布図し

図6－2　調査地の分布
●が調査地。全国に約2,300地点の調査地が配置されており、2,000人以上のバードウォッチャーにより調査が行われている。

表6－1　2,062コース調査時点（全体の約90%）でのコース数と総個体数の上位10種

分布の広さ	
種名	コース数
ウグイス	1,877
ヒヨドリ	1,803
キジバト	1,687
シジュウカラ	1,685
ハシブトガラス	1,660
ホオジロ	1,496
キビタキ	1,445
カワラヒワ	1,382
コゲラ	1,326
ハシボソガラス	1,208

個体数の多さ	
種名	総個体数
ヒヨドリ	35,489
ウグイス	24,735
スズメ	21,671
ハシブトガラス	12,872
ホオジロ	11,924
シジュウカラ	11,245
カワラヒワ	11,106
キジバト	10,839
ツバメ	9,742
メジロ	9,530

か残っていない。そこで、ここでは今回の調査でこれまでに現地調査の終了している二〇一〇年代の結果（全体の約九〇％）と、同じ場所の一九九〇年代の現地調査の結果を比較することで、日本の鳥類の今とその変化についてみてみよう。

3　日本の優占種

この調査地は全国に満遍なく設置されているので、調査で記録された鳥を集計することで、日本の鳥の優占種を知ることができる。分布の広さと数の多さの二つの側面から見てみよう（表6－1）。

分布のもっとも広い種、つまり全国でもっとも多くのコースで記録されたのはウグイスだった。そしてヒヨドリ、キジバト、シジュウカラ、ハシブトガラスが続いた。一般的にはスズメが一番広く分布しているイメージかもしれないが、日本は山の多い国なので、山にいないスズ

メのような鳥よりも、山に生息していて、かつ平地にも生息できるウグイスのような種が上位に来るのだ。

次に、個体数の多い鳥について見ると、分布の広さの上位種に加えて、スズメやツバメといった鳥が上位に入った。これらの鳥は分布こそ前記の鳥たちより狭いものの、生息している場所では高密度なため、個体数では上位となった。

4 分布や個体数の増減している鳥

一九九〇年代と二〇一〇年代のいずれかで記録されたコースが少なくとも五〇コース以上ある種の中で分布の変化の大きかった種についてみると、分布が縮小した種では、コアジサシ、アマサギ、コサギが上位となり、拡大した種ではガビチョウ、ソウシチョウ、ヨタカが上位となった（表6－2）。このは昼行性の鳥を効率的に把握できるように組み立てられており、夜行性のヨタカの評価は正しいのかどうか注意が必要である。つまり夜行性のヨタカが記録できるのは日の出前か直後だけなので、調査スタート時刻が日の出前だと、ヨタカが記録される可能性があるが、スタートが日の出後だと、たとえそこに生息していたとしても記録されないので、調査時刻に強く影響されるのである。実際に増えているのか、両年代での調査時刻の違いが影響しているのか、判断が難しい。したがって、ヨタカについては、本当に増えているのかはわからないが、それ以外の種については分布の増減を示していると考え

表6－2　50コース以上で記録のある種の1990年代からの分布の増減の上位10種

分布が縮小			
種名	1990年代	2010年代	変化率
コアジサシ	50	14	-72.0
アマサギ	101	38	-62.4
コサギ	215	93	-56.7
ゴイサギ	215	94	-56.3
ササゴイ	42	21	-50.0
ハリオアマツバメ	39	20	-48.7
オナガ	64	34	-46.9
ハイタカ	39	22	-43.6
ビンズイ	137	80	-41.6
メボソムシクイ	151	89	-41.1

分布が拡大			
種名	1990年代	2010年代	変化率
ガビチョウ	14	188	1242.9
ソウシチョウ	41	175	326.8
ヨタカ	15	54	260.0
キバシリ	30	88	193.3
カワウ	100	279	179.0
サンショウクイ	160	421	163.1
ヤマゲラ	31	75	141.9
サンコウチョウ	176	373	111.9
アオバト	360	700	94.4
アカショウビン	141	272	92.9

表6－3　個体数が有意に増減している普通種

種名	変化（%）
ゴイサギ	-75.6
カワラバト	-64.6
イワツバメ	-42.9
ツバメ	-30.7
ムクドリ	-29.5
スズメ	-20.0
ホオジロ	-18.5

種名	変化（%）
キビタキ	154.3
センダイムシクイ	72.1
ヤマガラ	45.5
ヒヨドリ	33.0
オオルリ	31.3
ヒガラ	22.8

てよいだろう。

また、一九九〇年代もしくは二〇一〇年代のいずれかで個体数の上位二〇種に入っている主要種について、記録個体数の増減を見てみると、ゴイサギ、カワラバト、イワツバメが有意に減少しており、意外なことにスズメ、ホオジロ、ツバメといった総個体数の上位に入っていたきわめてよく見る種も個体数を減らしていた。また、キビタキ、センダイムシクイ、ヤマガラが有意に増加していた（表6－3）。

こうした変化の多くは、一九七〇年代から一貫して増加あるいは減少しているものが多かったが、いくつかの種では減少の後に増加するなど変化の見られたものがあった。例えばサンショウクイは一九七〇年代から一九九〇年代にかけて特に太平洋側で分布が縮小した。それが二〇一〇年代には再び太平洋側で見られるようになっていた（図6－3）。この分布回復の理由の一つは南方系の亜種リュウキュウサンショウクイの分布の拡大である。一九九〇年代に大きく分布が縮小した太平洋側を中心に分布を拡げている。気候変動などでの分布拡大とともに、他亜種がいなくなって空いたスペースに入り込んだという面もあるのかもしれない。ただし、亜種サンショウクイも分布を回復さ

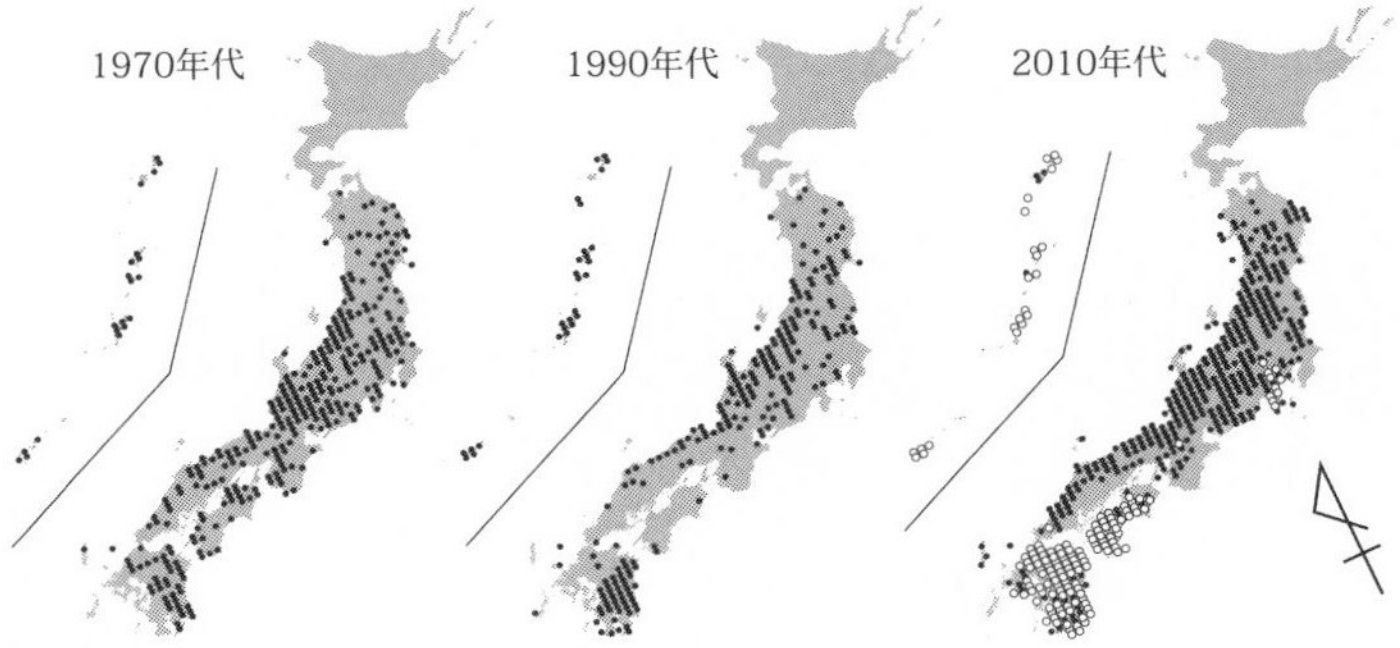

図６−３　サンショウクイの分布変化
●がサンショウクイの確認地点。2010年代は亜種リュウキュウサンショウクイであることがわかっている情報を○で示した。1970年代と1990年代はリュウキュウサンショウクイを分けて記録はしていないが、1990年代の九州南部の記録は、聞き取り情報や越冬期の分布状況（夏鳥の亜種サンショウクイに対して、亜種リュウキュウサンショウクイは１年中その場にとどまる留鳥なので、越冬期に記録のある場所は繁殖期の記録もリュウキュウサンショウクイの可能性が高い）から、1990年代の九州南部の記録はリュウキュウサンショウクイの記録だと思われる。1990年代に太平洋側で分布が後退したものの、2010年代には分布が回復し、一部はリュウキュウサンショウクイに置き換わっているのがわかる。

せており、今後の両亜種の関係は興味深い。

5　増減種の共通点から見える日本の自然の変化

この調査は鳥の分布を調べたものなので、分布や個体数の増減はわかっても、その原因までは調べていない。しかし多くの増加した種、減少した種を知ることができるので、その共通点から、日本の自然にどのようなことが起きているのかを推測することができる。そこで、以下では増減種の共通点とそこから推測できる日本の自然の変化についてまとめる。

5−1　増加した鳥の共通点

（1）外来種

増加種の一位と二位を外来鳥であるガビチョウとソウシチョウが占めた。分布は局地的だが、近縁のヒゲガビチョウ、カオグロガビチョウ、カオジロガビチョウも分布を拡大しており、ハッカチョウ、ホンセイインコも分布を拡げていた。ただ、すべての外来鳥が分布を拡げているわけではない。以前は分布を拡げていたにもかかわらず、現在はいない種や、減少した種もいる。例えば一九七〇年代には各地の草原で見られたベニスズメは二〇一〇年代には記録されなかった。鳥を捕獲して足環をつけて鳥の渡りの経路などを調べる鳥類標識調査でも、二〇〇〇年代からは捕獲数がきわめて少なくなっていて[1]、二〇一〇年以降は記録がない[2]。かつては飼い鳥として大量に輸入されていたベニスズメだが、現在は、ほとんど輸入されておらず、野外に逃げ出したり放されたりする個体が減少したことが原因なのかもしれない。また、コジュケイも減少傾向にある。コジュケイは狩猟目的に放鳥され定着し増加してきたが、狩猟目的での放鳥がなくなったことで、生息条件の悪い場所から減っているのかもしれない。外来鳥の増減の詳細については、第7章を参照されたい。

(2) 森林性の鳥

上記の二種の外来鳥も森林性の鳥だが、それ以外の上位種の多くも森林性の鳥だった。その中にはキバシリやヤマゲラ、アオバトのように一年中日本で生活する留鳥も、サンショウクイやサンコウチョウ、アカショウビンのように日本で繁殖し、東南アジアなどで越冬する夏鳥も含まれている。一九八〇年代には森林性の夏鳥の減少が指摘され[3]、越冬地の環境が悪くなっている可能性が指摘されていた。現在、森林性の夏鳥も増加していたことは、越冬地の環境も回復しているのか、少なくとも悪化は止まっているのだと思われる。さらに留鳥と夏鳥ともに増加していることは日本の森林環境が良くなっている可能性がある。日本では、山地では伐採等が減り、また、平地でも雑木林が薪炭利用されなくなったり、街路樹や公園に植えられた木が生長したりして、森林が成熟してきている。このことが原因かもしれない。これについても詳細は第7章を参照されたい。

（3）大型の魚食性の鳥

カワウ、ミサゴ、アオサギ、ダイサギ、カンムリカイツブリなど大型の魚食性の鳥の分布拡大も顕著だった。こうした鳥たちは、水質の悪化や農薬等により一九七〇年代まで世界的に急激に減少したことが知られている。[4] しかし水質の浄化や農薬の規制等に伴って、そこから回復を続けているものと考えられる。また、河川改修で川の構造が単純化して、魚が逃げ込めるような場所が少なくなって、鳥が魚を捕まえやすくなったり、内水面漁業での放流が行われ、食物となる魚が増えたこともこれらの鳥の増加に影響しているかもしれない。

農薬による急減は魚食性の鳥だけではなく、オオタカやハヤブサなどの鳥類食の猛禽類でも知られている。[4] 一方、哺乳類は解毒能力が高いため、小型哺乳類を食べる猛禽類では、魚食性や鳥類食性の猛禽類と比べると、生物濃縮による農薬の悪影響は低いと考えられている。[4] 日本においても魚食性でも鳥類食性でもあるオジロワシ、鳥類食性のハヤブサやツミの分布が拡大しており、オオタカは種の保存法の希少野生動植物種から解除された。それらも、保護団体による密猟防止等の活動などの成果とともに、こうした鳥へ大きな影響を与えていた農薬の使用が禁止されたことが原因と考えられる。

5-2 減少した鳥の共通点

(1) 小型の魚食性の鳥

大型の魚食性の鳥が増加しているのとは反対に、減少種の上位には、コアジサシ、コサギ、ゴイサギ、ササゴイと小型の魚食性の鳥が並んだ。それ以外にもヤマセミやカイツブリといった鳥たちも減少傾向にある。原因の一つとしては大型の魚食性の鳥との競争があるかもしれない。大型の鳥が増え、魚を食べることにより食物が減ってしまう、食物をめぐる競争が考えられる。また、営巣場所をめぐる競争も考えられる。サギ類は大型のサギも小型のサギも同じ場所に集団繁殖地をつくって繁殖する。そしてサギの繁殖開始時期はより大型の種ほど早く、小型の種は遅い。早く繁殖を始める大型の種がより良い営巣場所を占めてしまうと、小型の種は条件の悪い場所での営巣を強いられてしまう。そして、カラス類などによる卵の捕食が増えたり、強風で巣や卵が落下したりしやすいなどの原因によって繁殖成績が低下している可能性がある。

さらに、オオクチバスなどの外来魚が増えたことも影響しているかもしれない。オオクチバスは小型の魚や甲殻類を食べるので、その増加により小型の魚食性の鳥の食物が減少し、食物不足に陥り、減少している可能性がある。実際に外来魚が増えた場所でこうした鳥たちが減少していることも報告されており、[5] 影響を与えている可能性がうかがえる。またオオクチバスは小鳥を捕食することもあり、[6] カイツブリなどのヒナは直接捕食されることもあるだろう。

前述したオオタカなどの鳥類食の猛禽類の増加も、この減少に影響している可能性が指摘されている。[7] 開けた場所で採食する小型の魚食性の鳥は目立ちやすく、捕食されることも多いと考えられる。また、こうした鳥の一部は水田で魚を捕まえることも多く、水田の近代化も影響していると思われる。土地改良され排水性を高めた水田では、水路から水田に生物が入れなくなるなどして、鳥たちの食物になる水生生物が減少することが知られており、[8] そうした影響も大きいと考えられる。

（2）飛行採食性の鳥

ハリオアマツバメなどのアマツバメ類、コシアカツバメなどのツバメ類などの飛行採食性の鳥も減少傾向にあった。これらの鳥たちは、ユスリカやハエ、蛾やトンボなどの飛翔性の昆虫を飛びながら捕まえる鳥たちである。最近、網戸や街灯などに集まる虫が少ないと感じる人も多いのではないだろうか？チョウ類が減少[9]していているなど一部の種を除けば、定量的なデータはないが、飛翔性の昆虫は大きく減少していると考えられる（ただし、ＬＥＤの光には虫が集まる紫外線が少なく、虫が集まりにくいので、ごく最近の変化は蛍光灯からＬＥＤへの切り替わりが主な原因）。このように食物になる虫が減ったことが、こうした鳥たちの減少の原因になっていると思われる。

日中はツバメ類が飛翔性昆虫を食べるが、夜はコウモリ類がこれらを食べる。河川沿いでは、今でもたくさんのコウモリが見られるが、それ以外の場所ではコウモリの数が減っているように感じる。コウモリ類の全国的な個体数の増減についての情報はないが、同様のことが起きていないか注目する必要があるだろう。

（3）農地など開けた場所を利用する鳥

アマサギが大きく分布を縮小していたほか、谷戸など昔ながらの里地を好むサシバなどの種も分布を縮小していた。また、ツバメ、ムクドリ、スズメ、ホオジロ（表6－3）などが個体数を減らしていた。同じ身近な鳥でもシジュウカラやヒヨドリ、メジロといった樹林への依存度の強い鳥は減少していなかったことから、農地など開けた環境が変化していることが考えられた。

原因の一つは、過疎化などに伴う農地の放棄が増えていることである。サシバが見られなくなった場所には水田が利用されなくなり、荒れ地となってしまったような場所が多くあり、このような場所は今後も急激に増えていくと思われる。また過疎化とは反対に、市街地でも空き地に残っていた草地が宅地化等でなくなったり、緑化されて林になったりして開けた環境がなくなってもいる。

こうしたわかりやすい環境の変化以外にも農地の質的な変化も生じていると考えられる。スズメがどのような場所で減少しているのかを見てみると、耕作放棄があまり起きていない農地面積が広い場所で大きく減少しているからである。前述したように、水田では、土地改良により水生生物が減り、サギ類などが減少している。また、ヨーロッパでは麦が春播きから秋播きに変わったことで、繁殖期の草丈が高くなり、好適な生息地でなくなってしまったためにヒバリが減少したり[10]、農業の大規模化で農地環境が均質化してしまったことで、農地に生息する鳥が減少していることが知られている[11]。ただし、日本の農地は比較的規模が小さいので、この影響はあまり大きくないかもしれない。

そして最近話題になっているのは新しい農薬の影響の可能性である。ネオニコチノイド系の農薬が養蜂のハチなどに影響を及ぼしているというニュースをよく聞くが、そうした昆虫類の減少を通して農地を使う昆虫食の鳥の個体数にも影響する可能性が示されているのだ[12]。また、この農薬のついた種子を食べたミヤマシトドは体重が減って渡り開始が遅れ、それが個体数の減少につながるといった農薬の直接の影響も示唆されている[13]。日本でもネオニコチノイド系の農薬は使われているので、同様のことが起きているのかもしれない。また、除草剤が使用されることによる種子食の鳥の長期的な減少も指摘されている[4]。

6　気候変動の影響

環境の変化だけでなく、気候変動の影響も見えてきている。気候変動の影響は気象条件の厳しい冬に顕著に表われるので、越冬期の分布についてみてみよう。繁殖分布と並行して越冬期の情報収集もしているので、その結果をまとめたものだ。一九八四年に調べられた過去の分布状況[14]と比べてみると、積雪が採食に影響する地上で採食する鳥や雪や凍結で採食やねぐらに影響が出る水鳥類は、凍結や積雪の減少に伴い、分布を北へと拡大していた。例えば、浅水域に生える水草や、地上の草を採食する水鳥であるオオバンは、一九八〇年代の北限が南東北だったのが、二〇一〇年代には北海道でも見られるようになっている（図6－4）。

同様に繁殖期の鳥の分布にも変化が見られている。前述したように、森林性の鳥の多くが分布を拡大している中で、標高の高い場所に生息する鳥は、キクイタダキのように分布を低標高域へ拡げているものもいるが、ビンズイやメボソムシクイ、ウソなどその多くは減少傾向にあった。その傾向は特に南の地域や標高の低い場所で顕著であった。また、分布が北へシフトしていると考えられる鳥もいる。アオジは日本では、北日本を中心に繁殖する鳥だが、東日本や西日本でも標高の高い場所では繁殖している。そうした場所での分布が縮小している反面、ロシアでは分布が北上し、個体数も増えており（A Antonov、P Kitolov私信）、アオジの分布は北上しているようだ。

越冬期の分布変化と違い、繁殖期の分布変化が起きるメカニズムはわかりにくい。特に森の鳥については森の状況が気候変動で短期的に大きく変わるとは考えにくいからだ。しかし、気候変動により、春暖かくなる時期が早くなるなど、季節は変化する。そうすると、鳥が繁殖するタイミングと食物となる昆虫の発生時期がずれてしまって、食物不足による繁殖成績の低下を通して個体数が減少する可能性[15]や、夏鳥と留鳥の繁殖時期の重なりが大きくなり、競争が激しくなる可能性[16]などが考えられており、そうしたメカニズムを通して影響が表われている可能性がある。こうした影響は時間をかけてますます大きく表われてくると考えられるので、今後も継続したモニタリングが必要だろう。

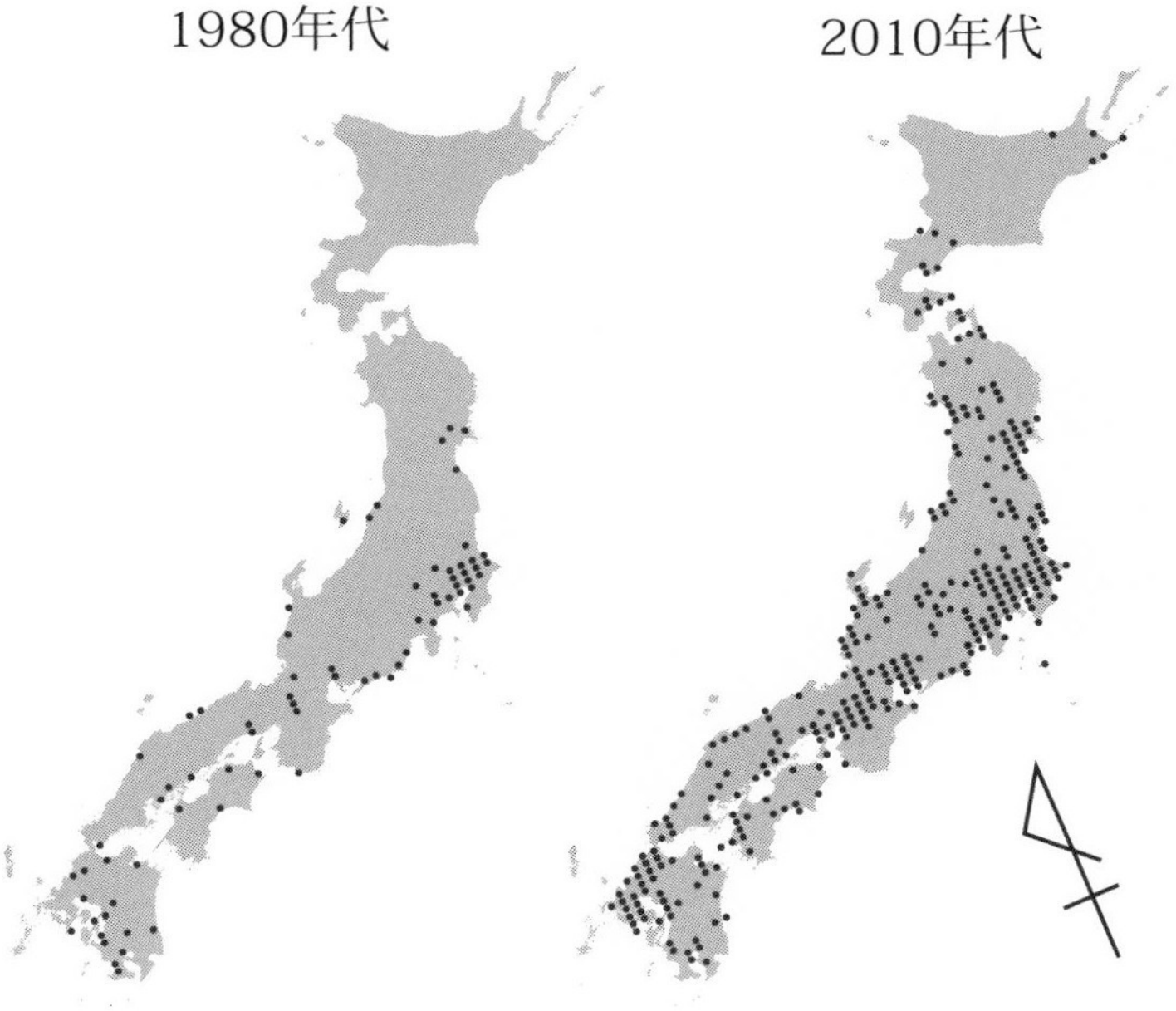

図6－4　オオバンの越冬分布の変化
全国的に分布は拡大しているが、東北の日本海側や北海道など、これまで分布していなかった地域へと、分布が北上している。

7　調査の課題

こうした大きな成果を上げてきたバードウォッチャーによるモニタリングだが、これを継続していくうえでは課題も多くある。

（1）調査の体制の維持

この調査は、これまでは国の事業として実施してきたが、今回は多団体の共同事業として実施した。これまでの調査は、専属のスタッフが複数名ついて、データの入力、整理、分布図の作成をしてきたが、今回は専属スタッフなしに実行することができている。それはコンピュータが普及したことにより、調査者とのやりとり、データの登録、分布図の作成などの調査運営が効率化できたからだ。調査の事前準備はEメールのやり取りですみ、調査者自身が調査コースの地図をダウンロードすることができた。また、調査結果のデータの多くをエクセルのファイルとして受け取ることができたので、事務局で調査結果を入力する必要がなく、データベースへ簡単に集約することができた。そしてそのデータを統計解析用のプログラムRにより、自動的に分布図として出力することで労力を小さくすることができた。

このように、以前と比べて省力化できたとはいえ、それでも調査体制を維持する事務局の労力は小さくない。今後もこうした調査を継続していくためには、事務局にも調査者にもより労力がかからないような体制をつくっていく必要がある。例えばスマートフォンとそのＧＰＳを使った、調査情報を簡単に送付できるような仕組みなど、今後のＩＴの進歩を利用しながら体制を構築していくことが重要である。

（２）調査者のネットワークの維持

広域調査はバードウォッチャーの協力により行われているが、将来にわたってこうしたことを続けていくことができるかどうかはわからない。鳥だけでなく、多くの生物の調査でも課題となっているが、調査者の高齢化が起きており、調査参加者のリクルートが課題となっている。またバードウォッチャーの変化もある。これまで、バードウォッチングといえば双眼鏡などで鳥を観察して、見た鳥をノートに記録するというのが基本だった。そのため、調査との相性がよかった。しかし、最近はデジタルカメラの普及で簡単に撮影ができるようになり、こうした「観察」ではなく、「撮影」から入り、それを続けていくのが主流で、調査との相性が悪くなっている。調査の重要性や楽しさを伝えて、バードウォッチャーによる広域調査が続けられるようにしていくような広報普及活動も重要である。

また、実際に調査に参加するためには鳥の識別能力が必要で、「参加したい」と思った人全員が「すぐに」参加できるわけではない。特に鳥を目視することの難しい森での調査は鳴き声による識別が重要になり、それが難度を上げている。こうしたスキルを身につけるのは各地で行われている観察会に参加するのが一番だが、特に調査者が不足している地方では、近くで観察会があまり行われていないことも多く、観察会などに参加できない場合でも自習ができるような仕組みも必要だろう。バードリサーチでは、サイト上でそうした資料集（http://www.bird-research.jp/1_shiryo/koeq/）やＷＥＢアプリ「さえずりナビ」（http://www.bird-research.jp/1_saenavi/）を公開している。

（３）人の手によらないモニタリング

こうした状況の中、モニタリングを続けるためには、人の手によらない調査も考えていく必要があるのかもしれない。例えば無人カメラやＩＣレコーダを使った鳥類の調査も行われており[17,18]、こうした調査方法の導入が考えられる。通常の調査とは違い、こうした機器の設置については、鳥を識別する能力がない人でも参加可能なので、だれでも参加可能な調査メニューとしても良いかもしれない。

そうした調査を大規模に行ううえでの制限要因になっているのが、撮影、録音情報から種を識別するための労力が膨大なことである。Line Lens（https://lens.linne.ai/ja/）やSong Sleuth（https://apps.apple.com/jp/app/song-sleuth-auto-bird-song-id/id968399159）などの識別アプリがすでにあり、日進月歩なので、将来はこうした仕組みでの自動化も可能になるかもしれない。

バードウォッチャーによる調査は、調査結果を集めるだけではない。たくさんの人が鳥の変化を実感する場としても重要で、それが、さらに様々な活動へとつながっていく。したがって、これからも人による調査が、調査の中心であってほしいと思うが、補助的にこうした手法を取り入れていく重要性は今後高まっていくだろう。

【参考文献】
（1）山階鳥類研究所　二〇一四　平成二六年度 環境省委託業務 二〇一三年鳥類標識調査報告書
（2）山階鳥類研究所　二〇二〇　平成三一年度 環境省鳥類標識調査委託業務 二〇一八年鳥類標識調査報告書
（3）遠藤公男編　一九九三　夏鳥たちの歌は、今　三省堂　東京
（4）Newton I (1998) Population Limitation in Birds. Academic Press, San Diego & London.
（5）嶋田哲郎・進東健太郎・高橋清孝・Aaron Bowman　二〇〇五　オオクチバス急増にともなう魚類群集の変化が水鳥群集に与えた影響　Strix 23: 39-50.
（6）嶋田哲郎・藤本泰文　二〇〇九　オオクチバスによる小鳥の捕食　Bird Research 5：S7-S9.
（7）Donald PF (2004) The Skylark. T & AD Poyser, Long.
（8）内田博　二〇一七　埼玉県東松山市周辺でのコサギ Egretta garzetta の減少　日本鳥学会誌　六六：一一一―一二二頁
（9）環境省自然環境局生物多様性センター　二〇一九　重要生態系監視地域モニタリング推進事業（モニタリングサイト１０００）里地調査 二〇一五-二〇一七年度とりまとめ報告書　環境省自然環境局生物多様性センター　山梨
（10）Lane JS & Fujioka M (1998) The impact of changes in irrigation practiceson the distributionof foraging egrets and herons (Ardeidae) in the rice fields of central Japan' BiologicaiConservation 83: 221-230.
（11）British Trust for Ornithology (2007) Creating fields of plenty. BTO News (271) : 14-15.
（12）Hallmann C, Foppen R, van Turnhout CAM, de Kroon H & Jongejans E (2014) Declines in insectivorous birds are associated with high neonicotinoid concentrations. Nature 511: 341-343.
（13）Eng ML, Stutchbury BJM & Morrissey CA (2017) Imidacloprid and chlorpyrifos insecticides impair migratory ability in a seed-eating songbird. Scientific Reports 7: 15176.
（14）環境庁　一九八八　第三回 自然環境保全基礎調査 動植物分布調査報告書 鳥類　環境庁　東京
（15）Both C, Bouwhuis S, Lessells CM & Visser ME (2006) Climate change and population declines in a long-distance migratory bird. Nature 441: 81-82.
（16）Ahol MP, Laaksonen T, Eeva T & Lehikoinen E (2007) Climate change can alter competitive relationships

between resident and migratory birds. J Animal Ecology 76: 1045-1052.
(17) 関伸一 二〇一二 自動撮影カメラとタイマー付録音機で記録されたトカラ列島の無人島群における鳥類相 Bird Research 8：A35-A48.
(18) 植田睦之 二〇一九 森林に設置したＩＣレコーダで録音聞き取りした森林性鳥類のさえずり頻度のデータ Bird Research 15：R1-R4.

第7章　人類活動が鳥類に及ぼす間接的影響から今後の鳥類相を考える

佐藤重穂

鳥類相は時代とともに変化していくが、過去の歴史的な変化と比べると、近代以降の人類の活動の影響による変化は、きわめて大きく、かつスピードが速い。生息地の破壊や過剰な捕獲といった人為的な影響で、脆弱な種（もともと個体数の少ない種、分布域の狭い種、特異な環境が必要な種など）が減少したり、絶滅したりする事例は、トキやアホウドリといった著名な事例をはじめとして、すでに一般に広く知られるようになっている。一方、現在ではそれらの直接的な影響とは異なる間接的影響による問題が様々な局面で生じているのが明らかになってきている。

ここでは、人間による直接的な生息地の破壊や捕獲によらない鳥類への影響を及ぼす要因である外来生物と人為的な環境変化について紹介し、それに対して保全生態学の立場からどのように対処することができるかについて紹介する。

1　外来生物の影響

生物種が本来の分布域以外の場所へ人類の活動で持ち込まれた場合、外来生物もしくは外来種と呼ばれる。[1]国内の地域間の移動によるものを国内外来種と呼ぶこともある。持ち込まれた経緯が人間の意図によるものかどうかにはかかわらず、外来生物は侵入、定着した先で様々な影響を及ぼすことがあるが、外来生物が日本の生態系に及ぼす影響が顕著な問題として取り上げられるようになったのは、歴史的には比較的新しく、一九八〇年代以降のことである。従来は、外来生物は例えば都市や住宅地、あるいは埋め立て地といった人為的な影響の強い環境下で定着するものがよく目立つため、自然の中で生きるのが難しいという見方をされることもあった。

鳥類についても、江戸時代から日本国内で飼い鳥として飼育されてきたベニスズメ、キンパラ、ギンパラなどの種が野外で一時的に定着、繁殖することがしばしば報告されてきた。それらの生息する主な環境は低湿地のアシ原や河川敷などであり、上記のように人為的な影響の強く及ぶ環境であった。[2]また、もっとも身近な外来鳥類であるドバト（カワラバト）は都市環境に生息する代表的なものであった。さらに、一九七〇年代頃から、東京近郊などでワカケホンセイインコやセキセイインコなどが野外で定着するのが報告されるようになったが、これらは都市近郊の住宅地や公園などの環境に生息し、自然度の高い環境へ進出することはなかった。[2]

しかし、外来鳥類が在来の生態系に強い影響を及ぼす事例とともに、外来生物によって鳥類への深刻な影響が生じた事例も明らかになってきている。

1-1 外来鳥類が在来生態系へ与える影響

コジュケイやコウライキジは、狩猟対象として全国に増殖・放鳥され、それに由来する個体群が国内の広い範囲で定着している。[2] 一九七〇年代頃までは、野外に狩猟用の野生動物を放逐する行為は、狩猟資源を豊富にするものとみなされ、生態系を攪乱させるといった意識がほとんどないままに実施されていたようである。しかし、コジュケイは採餌ニッチの重複するヤマドリやウズラに影響を与えた可能性があり、[2] 伊豆諸島の御蔵島では餌資源をめぐる競争でアカコッコの減少をもたらした可能性が指摘されている。[3] また、コウライキジは、在来種であるキジと交雑して、遺伝的な攪乱を起こしている。[1]

鳥類関係者の外来鳥類に関する意識の変化の契機となったのは、日本国内でのソウシチョウの野生化と分布の拡大である。ソウシチョウは江戸時代にはすでに飼い鳥として輸入されて日本国内で飼育されていたが、当時は野外への定着は記録されていない。国内でソウシチョウの野生化が知られるようになったのは一九七〇年代頃であり、茨城県の筑波山と兵庫県の六甲山で飼育個体の遺棄に由来すると思われる群れの生息が記録されている。さらに一九八〇年代には九州脊梁山地の広い範囲でソウシチョウの定着が確認されるようになった。これらのソウシチョウ個体群の生息環境は主に冷温帯の落葉広葉樹天然林であり、その主要構成種はブナである。ブナ林は一般に自然度の高い森林の典型とされているが、その中に外来種であるソウシチョウが定着し、在来種を圧倒するような高密度で生息するようになった。さらに、一九九〇年代以降、本州と九州の既知の生息地から周辺に分布が拡大するとともに、二〇〇〇年代には四国でも野生化して、現在では東北北部と北海道、離島を除く各地に分布が広がっている。

ソウシチョウが高密度で営巣するブナ林の林床では、同じ環境に営巣する在来種のウグイスの繁殖成功率が著しく低下することと、その要因として両種に対する共通の捕食者が捕食頻度を高めることによる間接効果であることが報告され、外来鳥類が自然の生態系に大きな影響を及ぼすことが示された[4]。また、一九九〇年代から、ソウシチョウと同じくチメドリ科に属するガビチョウが関東地方と九州北部で、カオジロガビチョウとカオグロガビチョウがそれぞれ関東地方で野生化して、定着するようになったが、これらのガビチョウ類は主に里山の二次林に生息している。ハワイではガビチョウの侵入で在来の鳥類の一部が減少したことが知られており[5]、ソウシチョウと同様、ガビチョウも林床で同所的に繁殖する種の繁殖成功率を低下させている可能性がある。

一方、観光用などの目的で飼育されていた施設から逸出する事例もある。水禽として飼育されているコブハクチョウやコクチョウでは、管理の不徹底のため、飼育個体の子孫が羽根を切られずに飼育施設と野外を行き来するようになることがある。特にコブハクチョウでは、こうした飼育個体に由来する複数個体が日本国内各地に生息している。北海道ウトナイ湖の個体群は冬季に茨城県へ移動する渡り行動が確認されており[1]、本来、野生状態で見られる習性が復活したと考えられる。コブハクチョウは主に水草を採食するが、体サイズが大きく、採食量が多いため、水域の植生に影響を及ぼし、湖沼の栄養循環を変化させる恐れが指摘されている。[1] また、カナダガンは飼育個体の逸出に由来する野生化した個体が神奈川県、山梨県、静岡県を中心に生息し、二〇一〇年頃には数十個体確認されていた。カナダガンは繁殖率が高いので、放置しておくと分布の拡大を招き、近縁であり、絶滅危惧種であるシジュウカラガン等との交雑といった遺伝的攪乱を招くことが懸念された。このため、民間団体の主導による防除が二〇一〇年から取り組まれ、その結果、二〇一五年に国内の野外に生息するカナダガン全個体の捕獲が達成された。[6]

また、一九九〇年代頃から、沖縄県の先島諸島の複数の島嶼でインドクジャクが野生化しているが、これは観光施設からの逸出に由来すると考えられる。[1] また、二〇〇〇年代以降に四国の南西部で定着しているカラス科のサンジャクも、同様に施設で飼育されていた個体の逸出によるとみられる。[7] このような大型で姿の美しい鳥は観光施設において人気があるが、いったん野外に出た個体を捕獲するのは困難である。さらに、インドクジャクとサンジャクはどちらも雑食性で、小動物を捕食することがある。そのため、生態系食物網の上位種として存在することにより、生態系を攪乱するという点では、影響が大きいものと懸念される。

1−2 外来捕食者による鳥類への影響

一方、外来種による生態系への影響として、鳥類が外来種の影響を被る場合もある。もっとも顕著なものは、外来捕食者による被食である。特に島嶼生態系では、多大な影響が生じる事例が多い。日本各地の離島において、ドブネズミやクマネズミといった外来ネズミ類、およびノネコによって鳥類が捕食される事例は数多く報告されている(例えば1、8)。東京都伊豆諸島の御蔵島はオオミズナギドリの世界最大の集団繁殖地であるが、東京都が生息数を推定調査した一九七八年には一七五万〜三五〇万羽だったオオミズナギドリの繁殖集団は、環境省の定点観測が始まった二〇〇七年には一〇一万羽とわずか三〇年間で四三〜七一%も減少し、その五年後の二〇一二年も激減傾向が続いており、回復がみられない。原因は御蔵島に持ち込まれていたネコ(標準和名イエネコ、中東を起源とする外来種)である。野放しにされたネコが山中で繁殖を繰り返してノネコとして増殖し、御蔵島の野生動物相へ大きな脅威をもたらすまでに至っている。とりわけ、オオミズナギドリへの捕殺被害は大きく、二〇一六年の時点でノネコは少なくとも島内に約五二〇頭の生息が推測されており、これらのノネコが低い見積もりでも毎年約二万羽のオオミズナギドリを捕食して、生息数の急減を引き起こす一大要因となっていると推計されている(9)。

東京都の小笠原諸島においても、外来種による鳥類への影響が生じている。野生化したノヤギが過度な採食によって、植生に大きな影響を与え、クロアシアホウドリ、オナガミズナギドリなどの営巣環境を攪乱していた。小笠原諸島の世界遺産への登録に向けて、東京都などがとった外来種対策の一環として、ノヤギの駆除を行い、その結果、植生の回復が見られ、こうした海鳥類の個体数が急速に回復した(10)。また、同じく小笠原諸島では、カラスバトの亜種であるアカガシラカラスバトが約四〇個体にまで減少していたが、野生化したノネコを捕獲し、飼育環境に慣らして本土へ移送するという事業が民間主導で行われた結果、二〇一八年時点でアカガシラカラスバトは三〇〇〜四〇〇個体にまで回復している(11)。

外来種の対策は、科学的な調査と順応的な管理、すなわち不確実性があることを前提とし、モニタリング結果に基づいて、柔軟な対応をとることが基本であるが、同時に行政、民間団体、地域住民、研究者などの関係者の相互理解と協力に基づいて行われる必要がある。こうした体制を作り、維持していくのは労力がかかるが、持続可能な社会の構築のために、継続した努力が求められる。

2　生息環境の変化の影響

2–1　森林利用の変化

日本は国土面積の六七％が森林に覆われているが、昔からずっと同じ環境が維持されてきたわけではなく、古くは低湿地が広く分布していたことが花粉分析などによって裏づけられている[12,13]。日本の森林は江戸時代の初期、および第二次世界大戦後に大規模な伐採を経験しているため、国内に大規模な原生的な森林はほとんど残っていない。日本国内の森林の多くは、木材の生産や燃料の採取などといった利用をされてきており、こうした森林利用は、そこに生息する鳥類に大きな影響を与えてきたと考えられる。

鳥類相の変化について、データから検証可能なものは、第6章で詳述した全国自然環境保全基礎調査によるものである。一九七〇年代後半と一九九〇年代後半に全国で繁殖期の鳥類分布調査が行われ、その結果が解析されている[14]。この二〇年の間では、国内の森林面積に大きな変化はなかったが、一九六〇年代から一九七〇年代の拡大造林（天然林を伐採し、その跡地にスギ、ヒノキなどの針葉樹を植林する）により、森林の質的な変化が見られた。

初めて全国的な繁殖期の鳥類の調査が行われた一九七〇年代後半は、すでに天然林から人工林への変換のピークは過ぎており、この時期には若齢の針葉樹人工林が広い面積を占めていた。その後の二〇年間で、人工林が成熟し、壮齢林と呼ばれる段階へと変化した。しかし、その頃、木材の輸入自由化によって、日本の林業は競争力を低下させて、国内の森林伐採が大幅に減少した。さらに、日本が東南アジアをはじめとする海外から木材を輸入することによって、国内の木材需要をまかなうようになった。一九九〇年代は特に東南アジアの森林が、伐採により減少した時期でもある[13]。

一九七〇年代と一九九〇年代の二度の全国規模の鳥類調査の結果から、こうした森林環境の変化に伴い、日本国内では森林性の鳥類相が変化したことが示された。すなわち、成熟した森林に生息する種が増加し、草原に近い環境である若齢林を好む遷移初期種と呼ばれる種が減少した。また、渡り鳥のうち、主に東南アジアで越冬する夏鳥については、成熟林で生息する種、遷移初期の環境に生息する種のいずれも減少した。

二〇一六年から二〇二〇年にかけて過去二回と同じ方法で全国鳥類繁殖状況調査が行われているので、この結果から、どのようなことが明らかになるか、今後の解析を期待したい（第6章参照）。

2-2　シカの増加による森林植生の変化

近年、国内の各地でニホンジカ（以下、シカ）の増加がみられるようになっている。シカの分布域の拡大は、全国自然環境保全基礎調査の結果からも確認できる。五キロメートルメッシュ（約五キロメートル×五キロメートル）を一区画単位とする全国分布メッシュ図として集計すると、全国生息区画数は一九七八年の第二回調査での四二二〇メッシュから二〇〇三年第六回調査では七三四四メッシュとなり、一・七倍に拡大した。これに伴い、各地で生息密度の増加も報告されている。シカが高密度で生息するようになると、過度の採食により、植生に大きな影響が生じ、特に、低木や草本が食べつくされて、林床植生が貧弱な状態となる場合が多いことが知られている[15]。

こうした森林では、そこに生息していた鳥類相にも変化がみられる。特に低木層や地表で営巣や採餌する種は大きな影響を被る。例えば、ウグイスやヤブサメ、コルリ、コマドリなどがシカの高密度化した地域で減少した事例が報告されている[16]。さらに、シカが樹木の樹皮を剥いで食べることによって樹木の立ち枯れが生じることもある。紀伊半島の大台ヶ原では、シカの樹皮採食によって針葉樹のトウヒが大量に枯死した。そうした場所では、立ち枯れ木が一時的に増加するので、樹洞営巣性のキツツキ類やカラ類が増加したことが知られている[17]。シカの密度増加はこのように森林植生の構造を変化させることを通じて、鳥類相をはじめとする森林生態系に対して多様な影響を及ぼす。

二〇二〇年現在は、国内の各地でシカの管理計画が立てられるようになり、個体群管理の実施が進みつつあるが、今後、シカの密度が適正に管理されるようになっても、森林の植生が回復するかどうかは、その場所の状況によるところが大きい。例えば、従来、天然林の林床にササ類が繁茂していて、シカによってササが食べられてしまった場所では、ササの種類によって、回復の成否が分かれることが知られている。ミヤコザサは採食されても小型化して生存を続けていることが多く、その場合は採食圧がなくなれば回復するが、スズタケの場合は過度な採食によって枯死してしまうため、いったん消滅してしまったら自然による回復は短期的には見込めず、スズタケ個体群の回復には一〇〇年単位もしくはそれ以上の時間がかかるかもしれない。森林植生はシカなどの主要な草食動物の個体群管理と密接な関係があり、鳥類相の面からも、今後の管理に注目したい。

また、日本の森林の四一％を人工林が占めるが、先述のように一九六〇年代から一九七〇年代に植栽された人工林面積が非常に大きい。日本の主要造林樹種であるスギ、ヒノキ、カラマツ、トドマツなどの針葉樹は通常、植栽後三五～五〇年程度で伐採して、木材を収穫するサイクルが一般的である。このため、二〇一〇年代に入ると、全国で人工林の伐採面積が増加している。森林を伐採した後は、その跡地に着実に森林を回復させる必要があるが、苗木を植栽せずに放置して、天然更新によって森林が再生できるような場所は限られており、通常は再度、造林を行う。しかし、シカの生息密度の高い場所では、苗木のシカによる食害が深刻な問題となっている。今後、日本の森林がどのような姿になるか、現在、森林管理の面では岐路に立たされているといえる状態であり、それによって、鳥類相がどのように変化するか、左右される状況にある。森林管理者と生態学者が連携して今後の森林管理を検討するとともに、環境と林業に関わる行政が森林環境の保全を推進することが求められる。

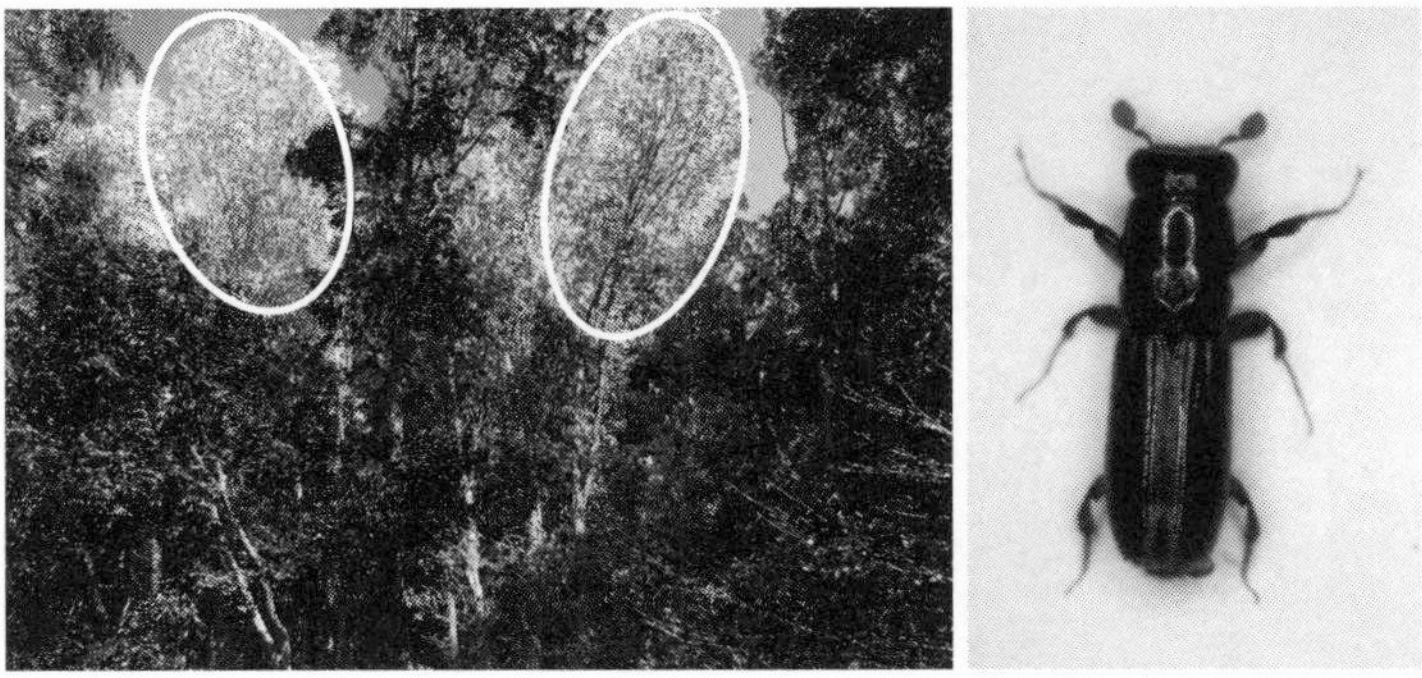

図7－1　ナラ枯れの発生した森林とカシノナガキクイムシ

2－3　ナラ枯れ

一九九〇年代から二〇〇〇年代にかけて、国内のあちこちでコナラやミズナラが枯死する「ナラ枯れ」と呼ばれる現象が報告されるようになった（図7－1左）。これは、正式にはブナ科樹木萎凋病《いちょうびょう》と呼ばれるもので、ナラ類だけでなく、クヌギ、クリ、スダジイ、カシ類などにも被害が発生する。この病気の原因は通称ナラ菌と呼ばれる糸状菌（*Raffaelea quercivora*）にある。

カシノナガキクイムシという体長五ミリメートルほどの養菌性の甲虫が共生菌であるこの菌を樹木に持ち込むことによって、ナラ枯れが起きることが知られている（図7－1右）。ブナ科の樹種は日本の温帯域に生える天然林の林冠の主要な構成樹種であるが、ナラ枯れでブナ科樹木が集団的に枯死することによって、林相に大きな変化がもたらされる。それに伴い、天然林の鳥類相にも影響が出ることが報告されるようになってきている。

秋田県でナラ枯れに罹病した樹木を伐採することを想定して、

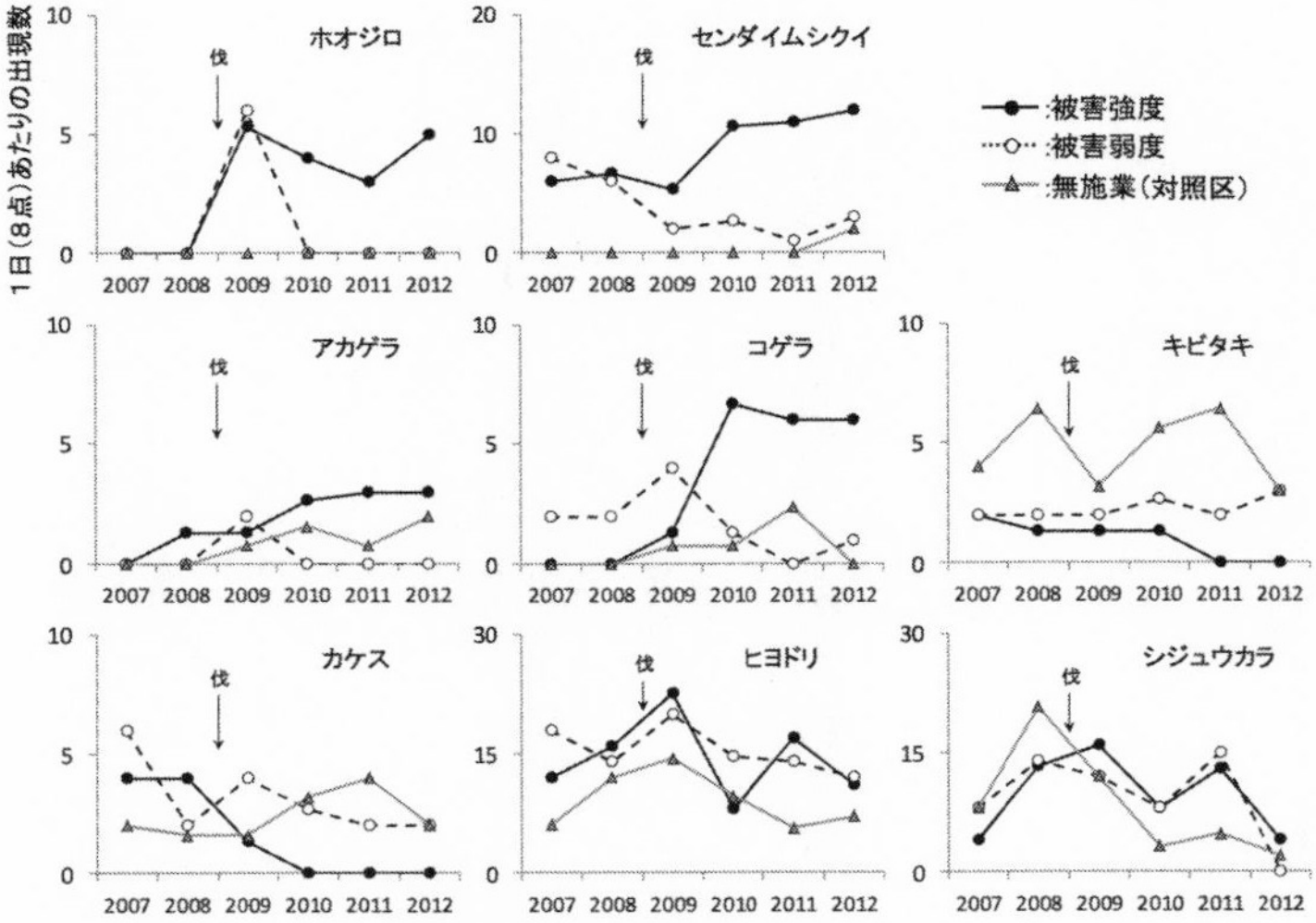

図7－2　ブナ科樹木の伐採の前後での鳥類の出現数の変化
秋田県由利本荘市の広葉樹林内にナラ類を伐採した疑似被害地を設定。被害強度区と被害弱度区に各4か所、対照区に5か所の調査定点を設けて、鳥類の繁殖期に定点センサスを伐採の前後の6年間実施した。被害強度区では伐採後、ホオジロ、センダイムシクイ、アカゲラ、コゲラが増加し、キビタキ、カケスが減少した[18]。

天然林内のミズナラ、コナラ、クリを伐採して疑似的な被害地を設定した試験地で鳥類相の変化を調査した結果、ホオジロ、センダイムシクイ、アカゲラ、コゲラの出現数が増加して、一方、キビタキとカケスは減少した[18]（図7－2）。伐採によって林内が明るい環境になり、草本が繁茂したこと、および伐採した倒木がキツツキ類の採餌に適した条件を作り出したことなどの影響によるものと考えられる。

ナラ枯れはナラ類やシイ・カシ類の大径木で多く発生することが知られている。かつて燃料用として利用されてきた薪炭林が放置され、樹木が成長して大きなものに偏ったことが、ナラ枯れが発生しやすい状況になった一因と考えられ、人間による利用の低下が生物多様性の変化をもたらす一例である。

今後、人間による森林への働きかけがどういう方向に進むかによって、鳥類相も影響を受けるものと考えられるので、注目していきたい。

3　保全生態学の立場ではどのように対応するか

ここまで紹介してきたように、人間による直接的な捕獲や生息地の破壊によらない要因で鳥類に危機が及んでいるが、それに対して、保全生態学の立場から対処する方法を紹介する。

生態系管理（エコシステムマネジメント）は、希少な生物種を個別に保護するのではなく、生育環境全体を生態系として保全するために管理することと定義される。その一つとして、特定種の保護を主要目標として、対象となる種の個体数と生息環境をモニタリングして、個体数の増減を管理していく個体群管理があり、これは種アプローチとも呼ばれる。それに際しては、対象となる種と他種との相互作用も考慮に入れて、対応方法を検討することもある。なお、生態系管理では、特定の地域の生息種の多様性の維持や環境の維持を目標とした生態系アプローチと呼ばれるものもあり、これは種の保全に目標を特化しないものである。

ここでは、鳥類の特定の種を保全の目標とした取り組みとして、ヤンバルクイナとライチョウの事例を紹介する。

3-1 ヤンバルクイナの個体群管理

ヤンバルクイナは沖縄本島北部のみに生息する固有種であり、一九八一年に新種として記載された。この時点において、生息範囲はやんばる地域と呼ばれる沖縄県国頭郡国頭村、大宜味村、東村の約三四〇平方キロメートルに限定され、分布域が狭く、外来種による補食のリスクもあるため、個体数が少ないものと予想された。一九九〇年頃には分布域の南限付近（大宜味村塩屋~東村平良ライン）では生息が確認できなくなり、減少が懸念された[19]（図7-3）。一九八五年には個体数が一五〇〇~二一〇〇羽と推定されていたが、その後の調査で二〇〇〇年には六八〇~一〇九〇羽、二〇〇五年には五八〇~九三〇羽となり、一九八五年の約四〇%にまで減少した[20]。

本種の減少の主要因が何であるか、明確ではなかったが、一九一〇年にネズミ類やハブの対策として人為的に放獣されたマングース（フイリマングース）の分布拡大とそれに伴う捕食の影響が想定された

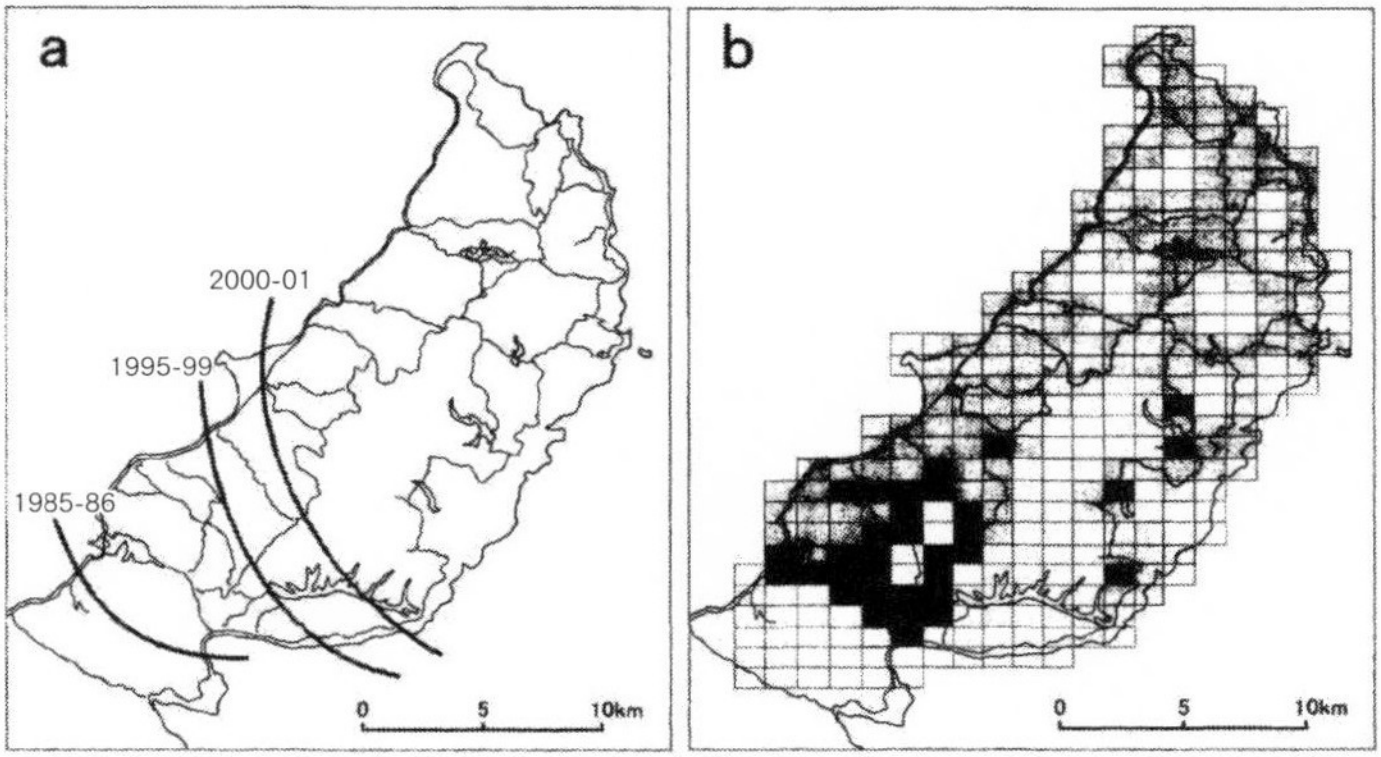

図７－３　沖縄本島北部におけるヤンバルクイナの分布の南限（a）とマングースの分布（b）
ヤンバルクイナの分布は1985～1986年から2000～2001年のもの。マングースの分布は2000年のもの[20]。

ため、二〇〇〇年以降、沖縄県と環境省がマングースの駆除事業を実施した。二〇〇六年時点のヤンバルクイナの個体群存続可能性分析（ＰＶＡ）によると、野外の個体群は対策を施さずに放置すれば野生絶滅に向かうことが予測された[21]（図７－４）。そこで、捕食者であるマングースの駆除を進めると同時に、飼育下で繁殖させる技術を確立させ、その一部を野外へ再導入させることで、野外個体群の絶滅に備えることとなった。対象地域において二〇〇〇年からマングースの駆除事業が徹底して進められた結果、二〇一六年までに約五六〇〇頭のマングースが捕獲された。この間に、マングースの捕獲個体の胃内容物や糞からヤンバルクイナの羽毛が確認されるなど、マングースによる捕食の証拠も得られ、マングースの駆除がヤンバルクイナの個体群の保全に有効であることが裏づけられた[20]。

　また、やんばるにマングースが侵入することを防止するために、二〇〇六年に沖縄県などが大宜味村塩屋

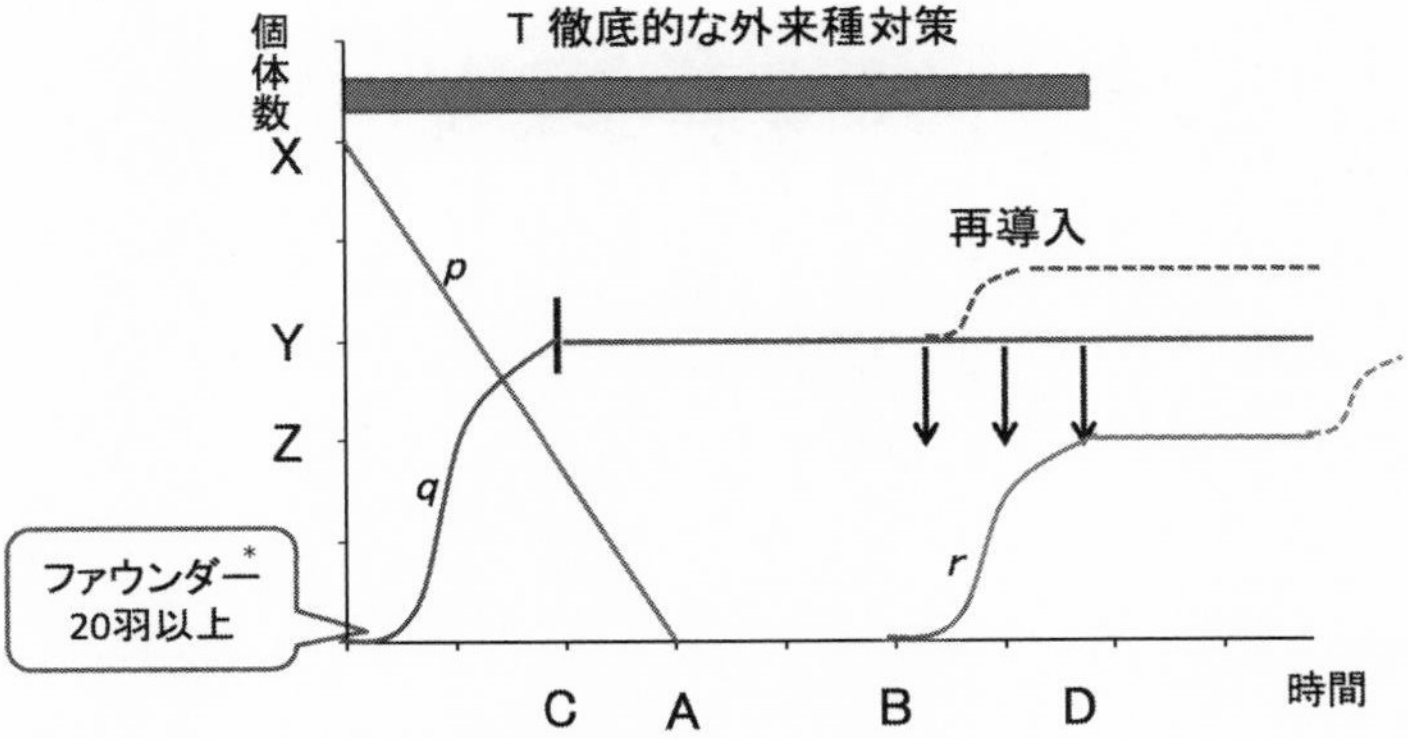

図7－4　ヤンバルクイナの個体数の推移シナリオ
野外の個体群は放置すれば野生絶滅に向かう。安定した環境の飼育下で繁殖させる技術を確立させ、その一部を野外へ再導入させることで、野外個体群の絶滅に備える。
T：徹底的な外来種対策を講じた場合は個体数が高止まりで安定する。
p：野外の個体群を放置すれば野生絶滅に向かう。
q：安定した環境の飼育下で繁殖させる技術を確立させ、その一部を野外へ再導入する。
r：野外個体群が絶滅した場合でも、個体群を確保できる（文献21に基づき描く）。
＊ファウンダー：最初の飼育個体群をつくるために野生化から飼育下へ導入する複数の個体。

と東村福地ダムにかけてやんばる地域を横断するマングース北上防止柵（第一柵）を設置し、さらに二〇一三年には大宜味村塩屋から東村平良にかけて第二柵を設置した。この二つの柵の総延長は一一・一三キロメートルに及ぶ。これはヤンバルクイナの生息地の管理の一部でもある。こうした対策の効果により、マングースの捕獲数は二〇〇八年以降、減少しており、捕獲努力量当たりの捕獲頭数も激減しているため、やんばる地域からのマングースの完全な排除に近づいている。[20]

一方、ヤンバルクイナの個体数は沖縄県によるマングースの駆除の開始から六年が経過した二〇〇六年以降、漸増しており、二〇一六年には一三七〇羽と推定され、回復傾向にあると考えられる。しかし、いったん生息が見られなくなった分布の南限付近では、ヤンバルクイナの分布拡大の状況はあまり芳しくない。これには、ヤンバルクイナが飛翔せず、移動能力が低いこと、場所に対する執着性が強いことなどが関係しているかもしれない。

また、マングース以外のヤンバルクイナの捕食者として、ノネコ、ハシブトガラスなどが考えられる。さらに、人類活動の直接的な影響として、道路での自動車による交通事故死も多いことが知られている。二〇一六年までの二二年間に三八四羽のヤンバルクイナの交通事故が報告されており、そのほとんどが死亡している。これに対して、当該地域の国道で速度制限を厳しくするなどの対策もとられるようになっている。[20]

現在は並行して、ヤンバルクイナの保護増殖事業として、人為的な環境下で飼育し、増殖させた個体を野外へ復帰させる取り組みが行われている。[22]

このように、保全の対象となる種の個体数のモニタリング、捕食者である外来種に対する対策、生息地の管理、保護増殖事業による野外への再導入を、それぞれ計画的かつ連携して行うような個体群管理が、これまでのところ、功を奏しているものと評価できる。

3-2　高山帯生息種ライチョウの危機

現在、地球規模の気候変動が進んでおり、特に温暖化が大きな問題となっている。地球温暖化には、世界的な人類の活動が大きく影響しており、温暖化を抑制するための取り組みは持続可能な社会の構築に不可欠である。

気候の温暖化は生態系に様々な影響を及ぼすが、特に高山生態系においてはもっとも顕著に影響が表われる。鳥類では、高山に生息するライチョウの動向が注目される。

ライチョウはキジ科の中でもっとも寒冷な気候に適応した種であり、ユーラシア大陸から北アメリカにまたがる北極海の沿岸地域に分布するほか、ヨーロッパとアジアの高山帯にも飛び飛びに隔離分布している。ヨーロッパのピレネー山脈とアルプス山脈、および日本の本州山岳地にいる隔離個体群は氷河期に分布が拡大したが、その後、徐々に温暖化が進んだ結果、取り残されたものと考えられている。

日本の中部山岳高山帯に分布する個体群は、本種の世界最南限の集団である。しかし、八ヶ岳や白山ではすでに絶滅するなど、その個体数は減少傾向にあり、現在二〇〇〇羽弱と推定されている。環境省のレッドリストにおいて、二〇一二年の改訂でライチョウは絶滅危惧Ⅱ類から絶滅危惧ⅠB類へ変更され、より絶滅の危機が増しているものと評価されている。ライチョウは高山植生に強く依存した生活を送っているため、温暖化の影響が懸念されている。

そこで、温暖化によるライチョウへの影響について、次のような研究が行われた[23]。まず、国内でもっともライチョウの多く生息している北アルプスを対象地域として、ライチョウの分布と高山植生との関係性に基づいて、ライチョウの潜在生息域を推定する生態ニッチモデルを構築した。次に、このモデルを用いて、現在と将来のライチョウの潜在生息域を予測した。将来の予測にあたっては、気候変動に関する複数のシナリオを想定してそれぞれに基づいて予測を行った。

ライチョウの分布と植生や立地条件の関係性を解析した結果、ライチョウは稜線に近く、ハイマツ群落や雪田草原群落、風衝地群落といった高山植物群落がバランス良く成立する場所で生息する確率が高いことが明らかになった。また、高山植生の分布を地形的な要因と気象条件によって推定するモデルが構築された。これに基づいて、気候変動についての複数のシナリオによって将来（二〇八一～二一〇〇年）のライチョウの潜在生息域を予測した結果、気候変動に関する二四通りのシナリオのいずれにおいても潜在生息域は大きく減少し、予測の中央値では九九％以上の減少となった。シナリオによっては潜在生息域が若干存続するものもあったが、経済成長重視を想定した気候変動シナリオに基づくと、潜在生息域は現在の〇・四％に減少すると予測された。気候変動シナリオのばらつき（不確実性）を考慮すると、潜在生息域が存続する山域とまったく残らない山域があり、現在のすべての生息地が同等の価値を持つわけでないことが示されている。

この研究の結果は、温暖化の影響がライチョウ生息地の中心部である北アルプスの個体群に大きくおよび、国内の個体群の存続自体が危ぶまれることを示唆する。今後、温暖化の抑制を図ることは当然であるが、同時に温暖化への適応策として、ライチョウの繁殖補助や北アルプス以外の山地への移動補助のような保全策を検討することが必要となっている。

4　おわりに

鳥類相の変化はそれぞれの時代の環境の変化を反映している。過去の鳥類相の変化を学ぶことは、これからどのように変化していくかを予測するうえで参考になり、きわめて重要である。

現在、人類の活動の影響で生態系や地球環境に変化が生じているが、ここで見てきたように保全生態学の立場では、対象となる種の生息状況の調査やモニタリングを行い、それを反映させた個体群管理を行うとともに、生態系内の相互作用を考慮した管理を進めることによって、種の保全を図っている。

環境や気象の地史的ともいえるような緩やかな自然の変化は別として、人間活動による急速な変化については、その影響を被る生物に対して人間が責任をもって保全のための対策をとる必要がある。ＳＤＧｓ（持続可能な開発目標）が人類の共通の認識となっている現代と今後の社会においては、人間の活動と調和をとりつつ、生態系を保全していくことが我々に求められている。鳥類は生態系保全のためのアイコンとして社会に対して訴える能力があり、環境保全の象徴となるものと考えられる。

【参考文献】

(1) 自然環境研究センター編著　二〇一九　最新 日本の外来生物　平凡社　東京
(2) 金井裕　二〇〇七　日本の外来鳥類の現状と対策　山岸哲監修　山階鳥類研究所編　保全鳥類学　京都大学学術出版会　京都　一九一―二〇九頁
(3) 国立環境研究所侵入生物データベース（オンライン）　https://www.nies.go.jp/biodiversity/invasive/　参照二〇二〇年八月二一日
(4) 江口和洋・天野一葉　二〇〇八　ソウシチョウの間接効果によるウグイスの繁殖成功の低下　日本鳥学会誌　五七（一）：三―一〇頁
(5) Mountainspring S, Scott J M (1985) Interspecific competition among Hawaiian forest birds. Ecological Monograph 55: 219-239.
(6) 加藤ゆき　二〇一六　根絶なるか？特定外来生物カナダガン　自然科学のとびら　二二（二）：一一―一三頁
(7) 佐藤重穂・濱田哲暁・谷岡仁　二〇一八　四国西部におけるサンジャクの野生化　Bird Research 14：S1-S5.
(8) 安積紗羅々・岡奈理子・亘悠哉　二〇一九　御蔵島における外来種クマネズミおよびドブネズミの生息状況　哺乳類科学　五九（一）：八五―九一頁
(9) 岡奈理子・山本麻希　二〇一六　日本有数のオオミズナギドリ繁殖島とネコ問題の取組み　月刊海洋　四八：四〇五―四〇八頁
(10) 鈴木創・堀越和夫・佐々木哲朗・川上和人　二〇一九　小笠原諸島聟島列島におけるノヤギ排除後の海鳥営巣数の急激な増加　日本鳥学会誌　六八（二）：二七三―二八七頁
(11) 有川美紀子　二〇一八　小笠原が救った鳥――アカガシラカラスバトと海を越えた777匹のネコ　緑風出版　東京
(12) 山中二男　一九七九　日本の森林植生　築地書館　東京
(13) 井出雄二・大河内勇・井上真編　二〇一四　教養としての森林学　文永堂出版　東京
(14) Yamaura,Y., Amano,T., Koizumi,T., Mitsuda,Y., Taki,H., Okabe,K. 2009. Does land-use change affect biodiversity dynamics at a macroecological scale? A case study of birds over the past 20 years in Japan. Animal Conservation

12:110-119.

(15) 前迫ゆり・高槻成紀編　二〇一五　シカの脅威と森の未来　文一総合出版　東京

(16) Seki S, Fujiki D, Sato S (2014) Assessing changes in bird communities along gradients of undergrowth deterioration in deer-browsed hardwood forests of western Japan. Forest Ecology and Management 320: 6-12.

(17) 日野輝明　二〇〇九　シカによる森林改変が鳥群集を変える　柴田叡弌・日野輝明編著　大台ヶ原の自然誌——森の中のシカをめぐる生物間相互作用　東海大学出版会　神奈川　二一五—二二五頁

(18) 長岐昭彦　二〇一三　森林に生息する哺乳類・鳥類に影響を与えるナラ枯れ被害率の推定　秋田県森林技術センター研究報告　二二：一—一三頁

(19) 尾崎清明・馬場孝雄・米田重玄・金城道男・渡久地豊・原戸鉄二郎　二〇〇二　ヤンバルクイナの生息域の減少　山階鳥類研究所研究報告　三四：一三六—一四四頁

(20) 尾崎清明　二〇一八　ヤンバルクイナ—飛べない鳥の宿命—　水田拓・高木昌興編　島の鳥類学——南西諸島の鳥をめぐる自然史　海游社　東京　三六一—三七三頁

(21) ヤンバルクイナＰＶＡ実行委員会　二〇〇六　ヤンバルクイナ個体群存続可能性分析に関する国際ワークショップ報告書（オンライン）http://www.cbsg.org/sites/cbsg.org/files/documents/Okinawa%20rail%20PHVA%20%282006%29.pdf 参照二〇二〇年八月三一日

(22) 中谷裕美子・長嶺隆　二〇一八　ヤンバルクイナの明日をつくる　水田拓・高木昌興編　島の鳥類学——南西諸島の鳥をめぐる自然史　海游社　東京　三七五—三九〇頁

(23) Hotta M, Tsuyama I, Nakao K, Ozeki M, Higa M, Kominami Y, Hamada T, Matsui T, Yasuda M, Tanaka N. (2019) Modeling future wildlife habitat suitability: serious climate change impacts on the potential distribution of the Rock Ptarmigan Lagopus muta japonica in Japan's northern Alps. BMC Ecol 19, 23 (2019) . https://doi.org/10.1186/s12898-019-0238-8　参照二〇二〇年八月三一日

コラム 5

再生可能エネルギーの利用拡大に伴う問題

佐藤重穂

二〇一五年の国連サミットで採択されたＳＤＧｓ（Sustainable Development Goals：持続可能な開発目標）は、世界各国の共通の社会目標となり、日本も国際社会の一員としてＳＤＧｓの達成に向けて取り組むことが求められている。その一環として、再生可能エネルギーの利用拡大が推進されつつある。二〇一一年の東日本大震災に伴う原発事故を経験した我が国では、特に再生可能エネルギーを強く推進する必要があるが、一方でそれらが大規模になると、自然環境との軋轢を生じさせる場合もある。

鳥類の保全との関係で問題となるのは、大規模風力発電（ウインドファーム）や大規模太陽光発電（メガソーラー）である。生物多様性に対する脅威として、土地利用の変化と気候変動はどちらも重要な要因である。しかし、気候変動への対策である再生可能エネルギーの導入には、多くの土地が必要なものもある。大規模風力発電や大規模太陽光発電はその一つであり、野生生物の生息地の保全との間にトレードオフの関係が生じる。

日本の鳥類研究者の団体である日本鳥学会には鳥類保護委員会という専門委員会がある。この委員会が二〇一六年から二〇二〇年までの五年間で環境省や都道府県に宛てて発行した鳥類保護に関する要望書や意見書は五件あり、このうち三件が風力発電事業、一件が大規模太陽光発電に関するものであり、再生可能エネルギーの推進と鳥類の生息地の保全の間で軋轢が生じていることの表われといえる。

大規模風力発電では、風車に直接鳥がぶつかるバードストライクや風車をよけるために鳥が移動経路の変更を余儀なくされることによる影響などが懸念される。実際に大型の猛禽類の生息地ではバードストライクがしばしば発生することが明らかになっているが、オジロワシやイヌワシといった大型の猛禽類はもともとの生息密度が低いため、個体の死亡は個体群の存続に与える影響が大きい。また、近年、洋上風力発電を沿岸に設置する計画が増加しているが、沿岸域が渡り鳥の移動経路になっている場合もあり、洋上風力発電によって経路の変更を余儀なくされるとの懸念がある。

一方、太陽光発電については、近年、太陽光パネルの設置のために森林や草原が伐開されたり、太陽光パネルが池や沼の水面を覆うように設置されたりするなど、鳥類の生息場所への影響が懸念される事例が多数見られ、各地で自然保護上の問題が発生している。太陽光パネルの設置が鳥類へ与える影響として、直接的な生息地の喪失、生息地の改変や分断、利用場所からの閉め出しの主に三つが挙げられる。

北海道の道央地域の勇払平野で太陽光発電施設が鳥類の生息地として機能するか調べた事例では、鳥類の繁殖期には湿原や耕作放棄地に比べて太陽光発電施設で種数、個体数が少なかった。一方、草原性の種であるノビタキの繁殖成績は太陽光発電施設と他の土地の間で差がなかった。また、通常は太陽光発電施設の敷地内では雑草を刈るが、同じ太陽光発電施設の中でも除草を太陽光パネルの直近だけに限定した場所では、生息する鳥類の個体数が多かったので、こうした配慮によって生息地の価値を多少高めることは可能かもしれない。

この研究は北海道の一地域を対象としたもので、全国的な評価をするためには、広域かつ多地点の調査が必要であり、今後のさらなる研究が求められる。

後書き

「え⁉　これでおしまい？」「コウノトリやトキの野生復帰の話が読めると思ったのに……」とご期待に添えなかった方には申し訳ない。本書は副題に「復元生態学」を含む。しかし、その主眼は植物を主たる対象として群落や生態系の再生・修復を目指す最近の「復元生態学」に関する鳥類の研究例・実践例の紹介とは一線を画す。詳細は前書きに譲るが、鳥類の過去の様相を復元するためのプロセスと、日本列島における最新の知見──つまり、鳥類個体群の再生・修復を目的とした「復元生態学」のための基礎となる研究──の紹介こそが本書の目的であった。これまでも生物学で研究されてきた化石や近年の鳥の観察記録、遺伝的情報に加えて、考古学資料や絵画資料、文献史料も駆使することで地質時代から先史時代、歴史時代、そしてここ数年~数十年の鳥類の様相が復元できる。これらの情報は今日の鳥類相の歴史的特徴を明らかにするとともに、未来の鳥類相の予測にも役立つ。

日本では花粉分析や歴史資料に基づいて植物相の変遷をまとめた研究があるもの[1,2]の、過去の動物相の変化を対象とした研究はほとんどなかった。これに対して、海外では古環境とそこに生息していた鳥類相を推定する多様な試みがなされている。例えば北アメリカに西洋からの移民が到達する以前の環境を復元し鳥類相を推定した研究[3]や、人類がミクロネシアやポリネシアの島々に移住して以降に起こった鳥類相の変化を復元した研究[4]、イギリスにおける過去一万五〇〇〇年間の鳥類相を復元した研究などがある[5]。このうちの最後のもの、『The History of British Birds（イギリスの鳥類史）』は本書の成立にも大きな関わりがある。本書の執筆者のほとんどが二〇一七年からおよそ一年間かけて札幌で実施したこの本の輪読会の参加者からなるため、そしてこの本を読み進めるうちに沸きあがった「日本の鳥についてもこのような試みをやってみたい」という熱い気運が本書の企画につながったためである。

『The History of British Birds』の著者は鳥類学者のデレック・ヤルデンと動物考古学者のウンベルト・アルバレラである。考古学資料による当時の鳥類相の復元を主眼とした同書の序文で、著者らは「鳥類学者に考古学的情報の幅広さを知ってもらうとともに、考古学者に埋もれがちな鳥類骨の情報の重要性を知ってもらう」ことを目的としたと述べている。考古学者の持つ遺跡から出土した鳥類の情報は、鳥類学者にとって過去の鳥類相の復元の鍵となる。一方、考古学者は鳥類学者の復元した情報を加味することで、過去の人類の生活についての理解をより深めることができる。同じことは日本の考古学資料や絵画資料、文献史料についても言えるだろう。同じ資料・史料を鳥類学の視点から調べることで新たな知見が期待できる。またその情報はもともとそれらの資料・史料を扱っていた学問分野に新たな意味付けや可能性のフィードバックをもたらすと期待される。

幸いにして鳥類の歴史への興味・関心をキーワードに集まった『The History of British Birds』の輪

読会には、古生物学、分子生物学、考古学、民俗学、歴史学、鳥類学、生態学と多様な専門性を持つ参加者が含まれていた。それぞれの専門分野について研究のプロセスと日本列島における最新の知見の紹介をお願いした本書は本家『The History of British Birds』に勝るとも劣らない、充実した内容になったと自負している。またこのような多様な分野の研究者が一堂に会して各々の資料・史料・試料から得られる鳥類の歴史についての知見を披露した本書の企画は、特に私を含む（？）若手研究者にとって隣の研究領域を眺めるとともに自身の研究分野の長所と短所を見つめ直す契機になったのではないだろうか。本書を手に取っていただいた皆さんにも鳥類の時間的な変化と、その研究の奥深さを実感いただけていれば望外の喜びである。

本書の執筆にあたって、以下の方々からのご協力をいただいた。植村慎吾氏（バードリサーチ）、長沼孝氏（北海道埋蔵文化財センター）、宮城県図書館、渡辺順也氏（ケンブリッジ大学地球科学部）（順不同・五十音順）
また築地書館の黒田智美氏には、本書の完成度を高めるために様々にご尽力いただいた。末筆ながら以上の方々に厚く御礼申し上げる。

二〇二〇年一二月二四日　江田真毅

【参考文献】

（1）安田喜憲　二〇一七　森の日本文明史　古今書院　東京
（2）コンラッド・タットマン著　熊崎実訳　一九九八　日本人はどのように森をつくってきたのか　築地書館　東京
（3）ロバート・A・アスキンズ著　黒沢令子訳　二〇一六　落葉樹林の進化史――恐竜時代から続く生態系の物語　築地書館　東京
（4）Steadman, D.W.（2006）*Extinction and biogeography of tropical Pacific birds*. Chicago: The University of Chicago Press.
（5）Yalden, D. and U. Albarella（2010）*The History of British Birds*. Oxford: Oxford University Press.

【マ行】

【ヤ行】

【ラ行】

【タ行】

【ナ行】

【ハ行】

事項索引

【ヤ行】

【ラ行】

【マ行】

【タ行】

【ナ行】

【ハ行】

【サ行】

【カ行】

索引

鳥名索引

著者紹介

黒沢令子（くろさわ・れいこ）
専門は英語と鳥類生態学。米国コネチカットカレッジで動物学修士、北海道大学で地球環境学博士を取得。現在は（NPO）バードリサーチ研究員の傍ら、翻訳に携わる。訳書に『よみがえった野鳥の楽園』（平凡社、一九九五年）『鳥の起源と進化』（平凡社、二〇〇四年）、『落葉樹林の進化史』（築地書館、二〇一六年）、『日本人はどのように自然とかかわってきたのか』（築地書館、二〇一八年）等がある。

江田真毅（えだ・まさき）
一九七五年群馬県生まれ。筑波大学人文学類卒業。東京大学大学院農学生命科学研究科修了。博士（農学）。日本学術振興会特別研究員（ＰＤ）、鳥取大学医学部を経て、現在、北海道大学総合博物館准教授。研究テーマは、遺跡から出土した骨を用いた過去の鳥類の生態復元、およびその知見を利用した人類活動の復元。二〇一五年日本鳥学会黒田賞受賞。近著に『河姆渡と良渚』（共著、雄山閣、二〇二〇年）、『遺伝子から解き明かす鳥の不思議な世界』（共著、一色出版、二〇一九年）、『古代アメリカの比較文明論』（共著、京都大学学術出版会、二〇一九年）、『考古学からみた北大キャンパスの５０００年』（共編著、中西出版、二〇一九年）、『島の鳥類学』（共著、海游舎、二〇一八年）など。

青木大輔（あおき・だいすけ）
一九九三年大阪府生まれ。中学・高校時代はベルギー・ブリュッセルのインターナショナルスクールで過ごし、国際バカロレア資格を取得。北海道大学理学部にて学士号、同大学大学院理学院自然史科学専攻の博士前期課程にて修士号を取得。現在は同専攻の博士後期課程にて日本学術振興会特別研究員（ＤＣ１）として鳥類を題材とした生態進化学研究を進める。研究テーマは、高い移動能力や渡り行動といった飛翔力に関連した鳥類の特異的な生態が、鳥類の分布域を形成する過程にもたらす影響の解明。

植田睦之（うえた・むつゆき）

一九七〇年東京都生まれ。理学博士。日本野鳥の会研究員を経て、NPO法人バードリサーチ代表。「全国鳥類繁殖分布調査」「モニタリングサイト１０００陸生鳥類調査」などの全国調査の事務局を務め、「季節前線ウォッチ」「ベランダバードウォッチ「子雀ウォッチ」」など様々な参加型調査を企画し、全国の鳥の調査に興味のある野鳥観察者や研究者とともに活動している。http://bird-research.jp

許　開軒（きょ・かいけん）

一九九四年台北市生まれ。北海道大学大学院文学研究科修士課程修了。同・文学院博士後期課程に在籍。研究テーマは、動物考古学、江戸時代における鳥類利用、家禽利用の変化の解明、カラスと人との関係史。

佐藤重穂（さとう・しげほ）

一九六四年大阪府生まれ。東京大学農学部卒業。農林水産省林業試験場、森林総合研究所九州支所、同北海道支所等を経て、二〇一九年より森林研究・整備機構森林総合研究所四国支所産学官民連携推進調整監。博士（農学）。研究テーマは森林管理と森林生物群集の動態の関係、森林害虫の被害管理など。おもな著書に『緑化木・林木の害虫』（分担執筆、養賢堂、一九九一年）、『元気な森の作り方』（分担執筆、日本緑化センター、二〇〇四年）、『森林大百科』（分担執筆、朝倉書店、二〇〇九年）などがある。

田中公教（たなか・とものり）

一九八七年京都府生まれ。信州大学理学部地質科学科卒業、北海道大学大学院理学院にて修士課程および博士課程修了。兵庫県立人と自然の博物館恐竜化石総合ディレクターを経て、現在は丹波市立丹波竜化石工房教育普及専門員。兵庫県立大学自然・環境科学研究所客員研究員。主な研究テーマは、中生代潜水鳥類の系統分類学と形態進化。

久井貴世（ひさい・あつよ）

一九八六年北海道生まれ。酪農学園大学生命環境学科で野生動物管理学を学んだのち、北海道大学大学院文学研究科で博士（文学）を取得。日本学術振興会特別研究員PDを経て、二〇二〇年四月から北海道大学大学院文学研究院准教授。おもな研究テーマは、歴史史料を用いて鳥類に関する歴史や文化を探る歴史鳥類学。とくにツルを専門とし、過去の生息実態や人との関わりの解明に取り組む。二〇一九年「野生生物と社会」学会若手奨励賞受賞。おもな著書に、『遺伝子から解き明かす鳥の不思議な世界』（共著、一色出版、二〇一九年）、『鷹狩の日本史』（共著、勉誠出版、二〇二一年）がある。

山本晶絵（やまもと・あきえ）

一九九三年北海道札幌市生まれ。北海道大学大学院文学研究科修士課程修了。研究テーマは、アイヌとフクロウの関係史。文化人類学、歴史学、鳥類学の観点からアイヌとフクロウの様々な関わりを明らかにすることを目指している。二〇一八年度北海道民族学会奨励賞受賞。おもな論文に「北海道アイヌにおけるフクロウ類の呼称に関する研究」（『北海道大学大学院文学研究科研究論集』第一七号）、「北海道アイヌとフクロウの関係」（『北海道民族学』第一四号）などがある。

時間軸で探る日本の鳥
復元生態学の礎

2021年3月14日　初版発行

編著者　黒沢令子＋江田真毅
発行者　土井二郎
発行所　築地書館株式会社
〒104-0045 東京都中央区築地7-4-4-201
TEL.03-3542-3731　FAX.03-3541-5799
http://www.tsukiji-shokan.co.jp/
振替 00110-5-19057
印刷・製本　中央精版印刷株式会社
装丁・扉デザイン　秋山香代子

ISBN978-4-8067-1614-3

●築地書館の本

鳥の不思議な生活

ハチドリのジェットエンジン、ニワトリの三角関係、
全米記憶力チャンピオンVSホシガラス

ノア・ストリッカー［著］ 片岡夏実［訳］ 二四〇〇円＋税

フィールドでの鳥類観察のため南極から熱帯雨林へと旅する著者が、ペンギン、アホウドリ、純白のフクロウなど、鳥の不思議な生活と能力についての研究成果を、自らの観察を交えて描く。

英国貴族、領地を野生に戻す

野生動物の復活と自然の大遷移

イザベラ・トゥリー［著］ 三木直子［訳］
二七〇〇円＋税

農薬と化学肥料を多投する農場経営を止め、所有地に自然を取り戻すために動物を放ったら、チョウ、野鳥、珍しい植物が復活。その様子を驚きとともに描いた全英ベストセラーのノンフィクション。

落葉樹林の進化史

恐竜時代から続く生態系の物語

ロバート・A・アスキンズ［著］ 黒沢令子［訳］
二七〇〇円＋税

地域と時間を超越して森林の進化をたどり、植物から哺乳類、鳥類、昆虫や菌類までそこで生きる生物すべての視点から森を見つめ、生態系の普遍的な形や、新たな角度での森林保全の解決策を探る。

ネコ・かわいい殺し屋

生態系への影響を科学する

ピーター・P・マラ＋クリス・サンテラ［著］ 岡奈理子ほか［訳］
二四〇〇円＋税

約九五〇〇年前に家畜化され世界中に広がったネコは、鳥類や哺乳類をはじめとする生物群にどのような影響をもたらすのか。野放しネコと環境との関わりを科学的に検証する。